天才或怪咖？
改變世界的
數學家圖鑑

文／本丸諒　譯／陳朕疆　審定／數感實驗室

第 **5** 章 **數學巨人高斯與歐拉**

第 **6** 章 **捲入法國大革命的數學家們**

第 **7** 章 **備受矚目的數學天才們**

前　言

　　説到日本重要文學作品《少爺》的作者夏目漱石，會讓人聯想到「擁有幽默精神，明治時期在倫敦吃過很多苦」的印象；説到同一時期的文學家森鷗外，則會讓人聯想到「開不太起玩笑」的印象。由此可見，我們可以由文學家的作品，猜測「作者是個什麼樣的人」（有沒有猜中是另一回事），而當電視或雜誌提到現代文學家時，也都會介紹他們的生平。

　　不過，數學家就完全不是這麼回事了。「笛卡兒座標系」、「歐拉恆等式」（$e^{i\pi}+1=0$）、「高斯分布」……雖然這些數學名詞中都有數學家的名字，我們卻無法透過它們了解到這些數學家過著什麼樣的生活、有什麼樣的煩惱、如何為家族奮戰（或者逃離家族）、曾犯下什麼後悔一生的過錯，以及在大時代下被捲入了什麼樣的政治紛爭等等。

　　到了西元21世紀的現在，我們提到「數學家」時會想到大學裡的數學教授。但在200年前，靠研究數學為生的人非常少，甚至連近代數學先驅之一的瑞士數學家歐拉，都沒有被地方大學聘任為教授；被譽為天才的挪威數學家阿貝爾，直到死亡都沒有過一份正職工作。

　　即使如此，這些「數學家」仍被數學深深吸引，過得再苦也要研究數學。身為一位編輯過許多數學書籍的文字工作者，我想試著讓更多人知道他們的生平，了解他們身上發生過的趣事。

　　對我而言，如果有讀者在看過本書後，重新認識數學的有趣之處，覺得「想再學學看數學」的話，那就太棒了。

　　最後，在這本書中，埼玉大學名譽教授岡部恒治給了我許多寶貴的意見，讓我不致誤解這些數學知識。北海道大學大學院專攻數學的小林愛美小姐，幫我確認了書中的各個細節。以及從美術設計師井上新八先生設計的趣味封面、三枝未央小姐不輸歐拉恆等式的美麗排版、中根豐先生繪製的許多可愛插圖，到Kanki出版編輯部的大西啟之本部長統整了本書的製作工作等等，在此致上最深的謝意。

本丸諒　　2022年4月

第 1 章

為什麼古希臘
盛產數學家？

古埃及的數學、 巴比倫尼亞的數學

美國紐約大都會藝術博物館的希羅多德胸像。

著名的古希臘歷史學家希羅多德（Herodotus，西元前約490年～前約430年）在他的著作《歷史》（Histories）中提到「（古）埃及是尼羅河的贈禮」。為什麼他會認為「尼羅河帶來了（古）埃及文明」呢？

因為尼羅河每年都會在固定時期氾濫，將上游的肥沃土壤搬運到下游，因而人們會想要知道氾濫發生的正確日期，才能提前做好準備；天文學與曆法學也因此在埃及嶄露頭角。

另外，每次尼羅河氾濫後，都會破壞掉各家原本的土地分界，導致地主之間產生爭端。為了正確劃分土地範圍，就需要能夠正確測量長度、面積的技術與知識。

這就是為什麼古埃及發展出「幾何學」的由來了。幾何學的英語是Geometry，其中Geo的意思是「土地」，而Metry則是「測量」，所以幾何學其實就是「土地測量術」的意思。

古埃及為了重新劃分尼羅河氾濫後的土地，在西元前3000年至前300年左右發展出了數學（特別是幾何學）。因此，這個時期的數學通常稱做「古埃及數學」。

西元2世紀初的俄克喜林庫斯莎草紙（Oxyrhynchus Papyri）。

話雖如此，但古埃及人主要關心的是實用性高的天文學（曆法學）和土地測量學。以我們現在對「數學」的概念來說，古埃及人使用的比較接近「複雜的算術」；而且歷史上，古埃及並沒有出現可以被稱做「數學家」的人物。

除了古埃及之外，美索不達米亞地區（現在的伊拉克）曾出現過「為了留下紀錄而發展出來」的數學。

「美索不達米亞」是指底格里斯河與幼發拉底河周圍的區域，這裡土地肥沃、氣候溫暖，又是東西交通要衝，曾經發展出繁榮的文明。與埃及唯一的差別在於，這裡的河流不會像尼羅河一樣定期氾濫。

不過，美索不達米亞同樣沒有出現足以在歷史上留名的數學家。這件事直到古希臘時期才有了轉機。為什麼呢？只要看過第一位數學家——泰利斯（Thales of Miletus，西元前約624年～前約546年）的生平，就知道了。

活躍於埃及亞歷山卓的最後一名希臘數學家——希帕提亞（Hypatia，西元前約350年～前415年）將在本章最後登場。在她死亡後，以希臘文化為中心的科學傳承火炬暫時熄滅，阿拉伯世界則成了下一個數學發展中心。

美索不達米亞地區

Thales

泰利斯

不在意
生活品質

為什麼他是「第一位數學家」？

●西元前約624年～前約546年

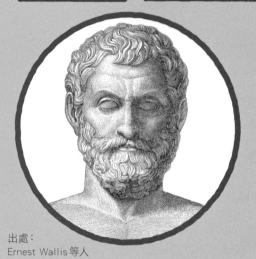

出處：
Ernest Wallis等人

泰利斯出身自古希臘的米利都（今土耳其），不僅是希臘七賢人、史上第一位科學家，也是史上第一位數學家。他雖然來自名門，卻對生活周邊事務漠不關心，過著貧窮的日子。

泰利斯曾預言西元前585年的日食、計算金字塔的高度，並證明了「相對於圓直徑的圓周角為90°」的泰利斯定理，是一位在許多領域嶄露頭角的能人。

史上第一位哲學家

亞里斯多德曾説過「泰利斯是哲學之祖」，英國哲學家暨數學家羅素（Bertrand Russell，1872年～1970年）也説過「西洋哲學史起始於泰利斯」。為什麼他們會這麼説呢？因為在泰利斯以前的時代，人們會用神話來説明「世界的起源」，而泰利斯則首先提出了「萬物源於水」的觀點，認為世界誕生於水、回歸於水，以合乎邏輯的方式解釋世界的起源。

古希臘七賢

西元前約620年至前約550年間，生存在希臘的七位賢人。包括泰利斯、梭倫、契羅、畢阿斯、克萊俄布盧、庇塔庫斯、米松（或稱佩里安德）。

為什麼他是史上第一位數學家？

　　泰利斯是西元前7世紀至前6世紀的希臘人，但在這之前，難道世界上不存在任何數學家嗎？古美索不達米亞曾於西元前3000年，建造了稱作「廟塔」（ziggurat）的巨大聖塔；古埃及也曾建造了古夫王（Khufu，統治期間為西元前2589年～前2566年）的金字塔，這些建築的土木工程想必也會用到複雜的數學吧。

　　泰利斯之所以被稱做史上第一位「數學家」，是因為他是第一位提出「證明」的人。雖然古埃及確實曾有過《萊因德紙草書》（Rhind Mathematical Papyrus）之類的數學問題集（還附了解答），但這本書頂多只有寫出「這麼做就能得到答案」，並沒有說明「『為什麼』這麼做可以得到答案」，因此沒有發展出實用性。

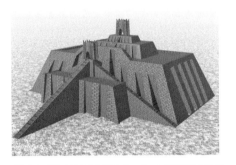

美索不達米亞的烏爾（Ur）大廟塔復原圖
學者認為當時的居民信仰山神，於是在都市內建造了「人工山」做為「聖塔」。

古埃及莎草紙記錄的數學問題集
《萊因德紙草書》上共有84個問題與解答。例如「如何將9個麵包分給10個人」這個問題的答案是「讓每個人都拿到2/3個、1/5個、1/30個麵包即可」。

泰利斯●Thales

泰利斯的證明

泰利斯證明了下列乍看之下「理所當然」的敘述。

（1）圓的直徑可平分圓

（2）對頂角相等

（3）等腰三角形的兩底角相等

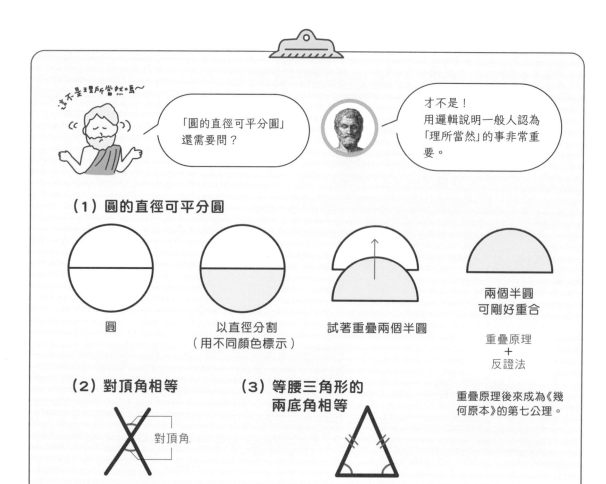

(1) 圓的直徑可平分圓

圓

以直徑分割
（用不同顏色標示）

試著重疊兩個半圓

兩個半圓
可剛好重合

重疊原理
＋
反證法

重疊原理後來成為《幾
何原本》的第七公理。

(2) 對頂角相等

對頂角

(3) 等腰三角形的
兩底角相等

泰利斯告訴我們的事 —— 事情真的不證自明嗎？

不要用「理所當然」來帶過看似不證自明的描述，而是要依照以下步驟推論：

❶ 從每個人都認同的原理出發。

❷ 展開正確的推論。

❸ 得到「每個人都不得不認同的正確結果」。

這個過程就叫做演繹法（與歸納法相反）。

使用演繹法來證明的步驟

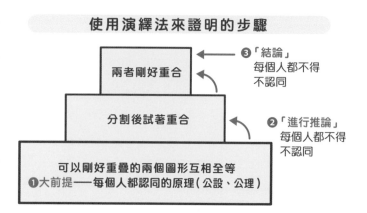

兩者剛好重合　←　❸「結論」
每個人都不得
不認同

分割後試著重合　←　❷「進行推論」
每個人都不得
不認同

可以剛好重疊的兩個圖形互相全等
❶大前提——每個人都認同的原理（公設、公理）

「證明」可以應用在數學以外的領域

看到泰利斯提出的證明方法後，可以知道「證明」是一種「以邏輯說服對方」的方法。所以當周圍有人對你說「這根本是理所當然的事情，你要聽我的話才行」，或是「你的評論根本沒有根據」時，就可以用❶～❸的方法（演繹法）一步步說明，一定可以憑著「證明」說服對方。

這樣就能說服對方了！

泰利斯 ● Thales

小故事❶ 第一位計算出金字塔高度的人

泰利斯到埃及旅行的時候，曾向旁人詢問金字塔的高度，但沒有一人能夠回答出正確答案。於是，他將一根長棒立在地面上（也有人說他用自己的身高當作標準），測量了金字塔與長棒的影子長度，透過兩者間的比例（相似比）計算出金字塔的高度，讓大家都大吃一驚呢！

1公尺

影子
1.5公尺

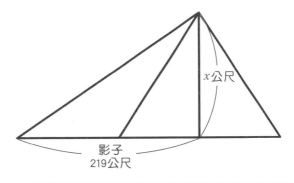

x公尺

影子
219公尺

當1公尺長棒的影子長度為1.5公尺時，金字塔的影子長度是219公尺，可以得到：

$$1 : 1.5 = x : 219 \quad (x為金字塔的高度)$$
$$x = 219 \div 1.5 = 146 (公尺)$$

答案：金字塔高度146公尺

空間圖形的相似

不過，光是前面提到的方法，還不足以讓泰利斯被尊稱為「賢人」。由於金字塔的影子大半都被金字塔自己遮住，不容易測量，只能趁影子角度與金字塔底部其中一邊平行時（譬如當太陽位於中天位置時），才能測到準確的影長。

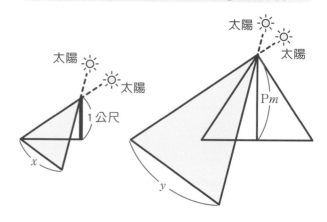

於是泰利斯改善了測量方法，那就是在兩個時間點，分別標出長棒與金字塔影子的尖端位置，再將這兩點連線。假設長棒的影子尖端連線為x，金字塔為y，那麼兩者與金字塔的高度P就有著「1：P＝x：y」的關係，這種關係稱做「空間圖形的相似」。

小故事❷ 選擇權交易的始祖？

雖然泰利斯相當貧窮，但當有人對他說：「研究學問也賺不了錢吧？」他則回答：「想賺錢的話隨時都可以賺。」

泰利斯曾運用他的天文學知識，預測橄欖在明年會豐收。於是他在這一年就先與島上所有橄欖壓榨機的擁有者簽訂明年的租用契約。到了隔年橄欖果真大豐收，於是農民不得不用很高的價格向泰利斯租用橄欖壓榨機。泰利斯由此證明了「學者隨時都可以賺錢，自己之所以貧窮只是因為不在意金錢而已」。

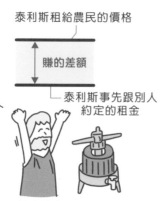

泰利斯已經跟我約好明年會租用所有壓榨機，所以就算明年橄欖欠收，我也不會受到影響！

泰利斯租給農民的價格

賺的差額

泰利斯事先跟別人約定的租金

壓榨機擁有者

像這樣事先預測未來某項商品會漲價（或降價），在價格變化前先買下未來「購買的權利」，這種交易在今日叫做「選擇權交易」。因此泰利斯不只是哲學、數學的始祖，也可說是衍生性金融商品的始祖。

畢達哥拉斯

嚴以律己
的守序者

萬物皆數

●西元前582年～前496年

畢達哥拉斯是希臘薩摩斯島的數學家、哲學家，人們稱他為薩摩斯島的賢人。畢達哥拉斯曾成立祕密宗教，制定嚴格的戒律；曾在各地流浪遊學，到了旅途結束時已被公認為最厲害的數學家。但畢達哥拉斯在故鄉並沒有得到認可，於是移居義大利南部的克羅托內，並在此成立教團。不過，畢達哥拉斯後來卻因為捲入政爭而失勢，並因過去未能加入教團而忿恨在心的男人煽動群眾，而遭到殺害。

畢達哥拉斯數

如果三角形的3邊長比例為「3：4：5」，這3個邊就可以組成直角三角形。這種可以組成直角三角形的整數邊長，就稱做「畢達哥拉斯數」。能夠計算出畢達哥拉斯數的公式如右。

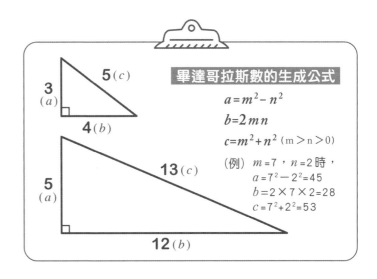

畢達哥拉斯數的生成公式

$a = m^2 - n^2$

$b = 2mn$

$c = m^2 + n^2 \ (m > n > 0)$

（例）$m = 7$，$n = 2$時，
$a = 7^2 - 2^2 = 45$
$b = 2 \times 7 \times 2 = 28$
$c = 7^2 + 2^2 = 53$

發現$a^2+b^2=c^2$

畢達哥拉斯有個很重要的發現，那就是對於任何邊長為a、b、c的直角三角形來說，都會滿足$a^2+b^2=c^2$的方程式。譬如邊長比為「3：4：5」、「5：12：13」的直角三角形。這個定理被人稱作「畢氏定理」。

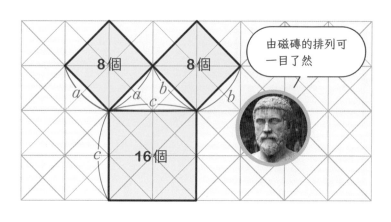

右圖為磁磚上的等腰直角三角形示意圖，透過磁磚個數可以很直觀的看出$a^2+b^2=c^2$。但這個結果並不代表非等腰直角三角形的情況也會成立，因此我們還可以用以下方法證明「畢氏定理」。

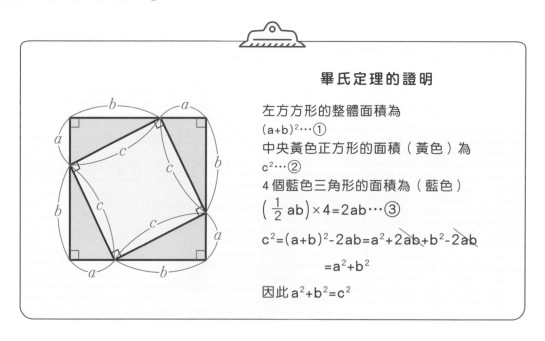

畢氏定理的證明

左方方形的整體面積為
$(a+b)^2$ …①
中央黃色正方形的面積（黃色）為
c^2 …②
4個藍色三角形的面積為（藍色）
$\left(\dfrac{1}{2}ab\right) \times 4 = 2ab$ …③

$c^2 = (a+b)^2 - 2ab = a^2 + 2ab + b^2 - 2ab$

$\qquad\qquad = a^2 + b^2$

因此 $a^2 + b^2 = c^2$

上圖邊長為（a+b）的大正方形，由四個三角形（藍色），以及一個正方形（黃色）組成。因此可以透過簡單的計算，證明$a^2+b^2=c^2$。

意想不到的發現

　　然而就在這個時候，畢達哥拉斯發現了一件「不該發現的事」。那就是當等腰直角三角形垂直的兩邊長為1時，就無法用整數或分數來表示斜邊長。為什麼這會是個問題呢？因為當時畢達哥拉斯教團認為「直線由許多點構成」，所以線的長度一定是整數或是分數，所以這個「無法用整數或分數表示的數」等同破壞了教團的立論基礎。

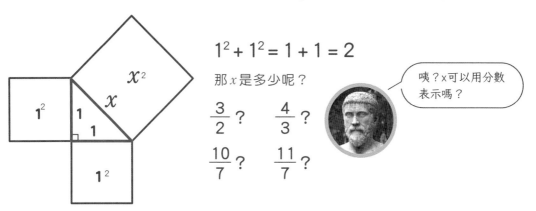

$$1^2 + 1^2 = 1 + 1 = 2$$

那 x 是多少呢？

$\frac{3}{2}$?　　$\frac{4}{3}$?

$\frac{10}{7}$?　　$\frac{11}{7}$?

咦？x可以用分數表示嗎？

畢達哥拉斯 ● Pythagoras

破壞戒律者要處死！？

　　畢達哥拉斯教團有「不能洩漏教團內部發現的事」的戒律，曾經有人因為洩漏了「存在無法以分數表示的數」這件事而被教團處死。這種「無法以分數表示的數」，正是人類發現「無理數」的瞬間。

難道你忘了戒律嗎？

別說蠢話了，給我遵守戒律！

我想公開這件事。

要公開無理數的存在，還是要遵守教團的戒律？

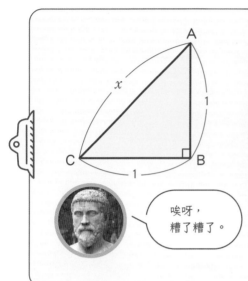

由畢氏定理可以知道，$\overline{AB}^2+\overline{BC}^2=\overline{AC}^2$。

因此 $1^2+1^2=x^2$，而 $x=\sqrt{2}$

如果這裡的$\sqrt{2}$不能表示成分數，那麼$\sqrt{2}$就是個無理數。

假設$\sqrt{2}$可表示成分數，且$\sqrt{2}=\dfrac{b}{a}$（a,b 為互質的整數）。

接著將等號兩邊平方後可以得到$2=\dfrac{b^2}{a^2}$，因此$2a^2=b^2$。

所以可以知道b為2的倍數，也就是b=2c

換句話說$2a^2=b^2=(2c)^2=4c^2$，即$a^2=2c^2$

因此可以知道a也是2的倍數，可以寫成a=2d。

也就是說$\sqrt{2}=\dfrac{b}{a}=\dfrac{2c}{2d}$

但是這和一開始的假設「a,b為互質的整數」矛盾，因此$\sqrt{2}$不能表示成分數，所以確認$\underline{\sqrt{2}\text{為無理數}}$。

唉呀，糟了糟了。

因戒律而死

　　畢達哥拉斯透過研究音階，推導出「萬物皆數」的理論，其中他特別喜歡1+2+3=6這樣的「完全數」。當時的人想要進入畢達哥拉斯的教團，得先通過數學考試才行。畢達哥拉斯的辯才無礙替教團博得了許多人氣，但教團本身卻因為不對外透明的封閉特性，使周圍人們對教團的高人氣產生恐懼。這份恐懼後來受到未能通過教團考試而心生怨恨的人們煽動，最終導致使畢達哥拉斯慘遭群眾殺害。有人說，在畢達哥拉斯逃亡的過程中曾經過了一片豆田。但因為教團的戒律規定不能吃「豆」，所以畢達哥拉斯不能進入豆田躲藏，就這樣被人抓住殺害。

研究不同重量的錘子敲出來的聲音差異。

研究大小不同的鐘、裝有不同水量的杯子敲出來的聲音差異。

畢達哥拉斯從錘子敲打的聲音獲得靈感，注意到弦樂器與笛子的音高與頻率成正比。
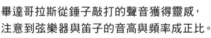

研究弦吊掛重量不同的重物時，彈出來的聲音差異。

研究不同大小的笛子吹出來的聲音差異。

看到豆類後別開視線的畢達哥拉斯。

專欄 1

愛上親和數、完全數的古代數學家

● 親和數（amicable numbers）與婚約數（betrothed numbers）

畢達哥拉斯認為，宇宙萬物並不是人類的主觀感受，而是遵從「數的規則」、可以過數字的計算來分析，所以他說「萬物皆數」。畢達哥拉斯還提出過許多現在學校不會教的概念，用來描述某些特別的數，「親和數」就是其中之一。

「假設有兩個數，任一個數的因數加總之後會得到另一個數，那麼這兩個數就是一對親和數」光看說明似乎有些難懂，讓我們來看看實際的例子吧。

最小的一對親和數是「220、284」，它們的因數分別如下：

220的因數：1、2、4、5、10、11、20、22、44、55、110、220
284的因數：1、2、4、71、142、284

這些因數將「排除自己（也就是220與284）」後的數字加總，可得到以下結果：

220的因數加總：1 + 2 + 4 + 5 + 10 + 11 + 20 + 22 + 44 + 55 + 110 = **284**
284的因數加總：1 + 2 + 4 + 71 + 142 = **220** ← 親和數

由此可以看出，「220、284」是一對親和數。在沒有電腦與計算機的時代，單純靠手算來尋找親和數是一件非常困難的工作。直到西元17世紀，費馬（Pierre de Fermat，1607～1665年）才發現了第二對親和數（17296、18416）。以下由小到大列出一些已經發現的親和數：

（220, 284）、（1184, 1210）、（2620, 2924）、（5020, 5564）、
（6232, 6368）、（10744, 10856）、（12285, 14595）、（17296, 18416）……

這些親和數的數對都是偶數配偶數，或是奇數配奇數。那麼有「偶數配奇數」的親和數存在嗎？這仍是未解之謎。

順帶一提，歐拉（Leonhard Euler，1707年～1783年，參考第112頁）在研究生涯中發現了約60組親和數，世界上大概也只有歐拉有這種計算能力吧。

另一個與親和數類似的概念是「婚約數」。假設有兩個數，除了「自己與1」之外，兩數的所有因數總和相等，那麼這兩個數就是一對婚約數。譬如（48、75）就是一對婚約數。

● 完全數（perfect number）

完全數的概念也是由畢達哥拉斯提出。只要是「除了自己之外的所有正因數總和，會等於自己的自然數」，就叫做完全數。由此可以看出古希臘有多麼重視「完全」這個概念。

> 完全數的例子：　　　6=1+2+3　　　28=1+2+4+7+14

我們不曉得為什麼畢達哥拉斯把這種數命名為「完全數」，不過中世紀的科學家認為這是因為「上帝用6天開天闢地、月球公轉週期是28天」，所以它們才因此被稱為完全數。目前未發現奇數的完全數。

上帝用6天開天闢地

月球週期為28天

Plato

哲學家 & 摔跤選手

柏拉圖

崇拜數學的哲學家

●西元前427年～前347年

　　柏拉圖是古希臘哲學家，也是蘇格拉底（Socrates，西元前470年～前399年）的弟子、亞里斯多德（Aristotle，西元前384年～前322年）的老師。柏拉圖雖然不是數學家，卻認為數學是「探究真理的學問」，所以鼓勵弟子學習數學。他在雅典開設的柏拉圖學院就以掛著「不懂幾何學者，不得入內」的牌子而著名。

　　此外，只要是所有的面都由相同的正多邊形所構成的凸多面體，就稱做「柏拉圖立體」（也叫正多面體）。

與數學相遇

　　在老師蘇格拉底因為被人懷疑對神不敬，而被處罰喝下毒藥死去後，柏拉圖便開始厭惡雅典的政治氣氛。後來他在前往西西里島（現為義大利領土）與埃及的旅程中，透過畢達哥拉斯學派接觸了數學、幾何學，並開始關注起靈魂（psyche）輪迴轉生的觀念，思考在感官之上的真正存在——理型（idea）（其投射在現實世界的陰影，則是我們所見到的「現象」（phenomena））。因此，柏拉圖的哲學一般稱做「理型論」。

　　順帶一提，出生於西西里島的阿基米德，活躍的時間則比柏拉圖晚150年。

認為學問有高下之分

　　柏拉圖認為，理型世界需要用「哲學」來描述，所以哲學是地位最高的學問；相對的，天文學、機械學描述的是陰影世界的「現象」，是地位較低的學問；而「數學」則是兩者之間的橋梁。順帶一提，後來的阿基米德（Archimedes of Syracuse，西元前287年～前212年）也認為數學的地位比天文學或機械學還要高。

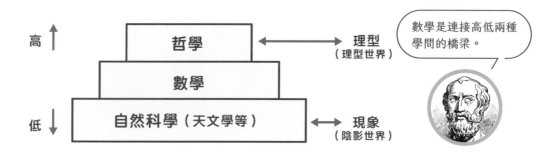

數學是連接高低兩種學問的橋梁。

建設學院

　　西元前387年，柏拉圖在雅典郊外名為阿卡德米（Akademia）的地方建設了一座學術殿堂，並以該地名將這座學院命名為「Akademia」，中文也將它稱做「柏拉圖學院」。柏拉圖學院的學生需要學習算術、幾何學、天文學後，才能學習哲學，其中也包括了幫助學生深入思考幾何學的訓練。因此在柏拉圖學院的門上掛著一個牌子，上面寫著「不懂幾何學者，不得入內」。

　　在柏拉圖學院創校900年後的西元529年，東羅馬帝國皇帝查士丁尼一世（Justinian I，482年～565年）以「非基督教學校」為由，強行關閉了柏拉圖學院。

柏拉圖學院的遺跡（西元2008年）。
出處：Tomisti

描繪柏拉圖學院情景的馬賽克畫。

5個「柏拉圖立體」

希臘人已知「世界上只有5種所有面皆由相同的正多邊形所構成的凸多面體」，並將這樣的凸多面體稱做「正多面體」或「柏拉圖立體」。柏拉圖認為，這些多面體具有特別的意義；希臘人則將這5種多面體中的4個，分別對應到「火、空氣、水、土」等4個元素，並認為元素可以互相變換。剩下的正十二面體由正五邊形構成，因此不被認為是元素。

 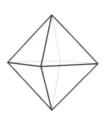   

| 由4個正三角形構成的正四面體（火） | 由8個正三角形構成的正八面體（空氣） | 由20個正三角形構成的正二十面體（水） | 由6個正方形構成的正六面體（土） | 由12個正五邊形構成的正十二面體（宇宙） |

「柏拉圖」是摔角界的藝名？

柏拉圖身上流著雅典王室血脈。由於當時的貴族子弟需要文武並重，加上柏拉圖的體格相當好，年輕時還曾代表雅典參加摔角比賽。因此有人說，「柏拉圖」其實是他在摔角界的藝名。

柏拉圖 ● Plato

相關用語

如今Akademia是「學院」的意思，許多研究機構、教育機構的官方名稱都有「academy」這個字。

柏拉圖的名言

「不懂幾何學者，不得入內」

Eudoxos

2000年前的天才

歐多克索斯

他的窮竭法啟發了牛頓？

●西元前408年～前355年

歐多克索斯是古希臘數學家、天文學家。他出生於小亞細亞（現在的土耳其）的尼多斯島，後來遷居至埃及，再到雅典。歐多克索斯證明了圓錐體的體積，為同高、同底面積之圓柱體積的1/3；他比起牛頓或萊布尼茲，還要更早使用到「積分」的概念。

雖然沒有留下著作，不過歐幾里得（Euclid，西元前300年～不詳）的《幾何原本》中，可能就有歐多克索斯的貢獻。另外，歐多克索斯的肖像畫並沒有流傳下來，所以左方以剪影方式表現他的樣子。

赤貧的數學家

歐多克索斯出身於清寒家庭，但當他聽説柏拉圖（參考第19頁）開設了學院後，便借錢踏上旅程來到柏拉圖學院。雖然許多同學都無視他的存在，好在柏拉圖很欣賞他的才能。

歐多克索斯因為非常貧窮，所以無法住在熱鬧的雅典，只能從比較遠、生活開銷較低的市鎮通勤上學。但在這麼匱乏的情況下，他仍

歐多克索斯　終於到了　幾何學證明　窮竭法　比我們還快！

遠距離通勤　笨蛋——　柏拉圖　這個人很有料。　牛頓　萊布尼茲

證明了許多困難的幾何學定理，也用類似積分的概念來計算曲面的面積與體積，這比起後來公認發明微積分的牛頓（Isaac Newton，1643年～1727年）或萊布尼茲（Gottfried Wilhelm Leibniz，1646年～1716年），早了近2000年。

窮竭法

「窮竭法」是歐多克索斯在數學領域的重要貢獻。歐幾里得（參考第24頁）在《幾何原本》中，使用了窮竭法證明了好幾個命題；在歐多克索斯之後100多年的阿基米德（參考第29頁），也曾使用窮竭法求出圓周率為3.14。對於西元18世紀才由牛頓與萊布尼茲建構的「微積分」而言，窮竭法可以說是這門學問的先驅。

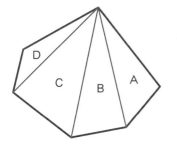

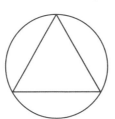

窮竭法

歐多克索斯 ● Eudoxos

不管是哪一種多邊形（上圖為六邊形），
都可以透過劃分成多個三角形
來相加計算總面積。

從圓上切出各個三角形，
就能透過相加三角形面積，
得到近似的圓面積。

歐多克索斯還嚴謹的證明了「圓錐體的體積為同高、同底面積之圓柱體積的1/3」。雖然我們可能在小學時就學過這件事，但想要嚴謹的證明它，則需用到高中教的積分才行。

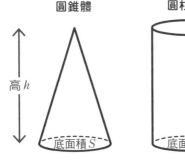

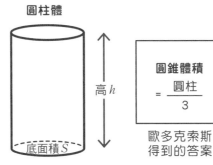

圓錐體　　**圓柱體**

高 h　　　　高 h

底面積 S　　底面積 S

$$圓錐體積 = \frac{圓柱}{3}$$

歐多克索斯
得到的答案

Euclid

歐幾里得

人類史上第二名的暢銷作家

● 西元前 300 年左右

出處：英國牛津大學／Joseph Durham

歐幾里得拜柏拉圖為老師，後來在埃及的亞歷山卓圖書館學習、教導學生。著有《幾何原本》（也叫做《歐幾里得幾何原本》），不過內容不只限於幾何學。生卒年與生平皆不詳，甚至有不少人懷疑他是否真實存在。

順帶一提，《幾何原本》的原書名為《Stoicheia》，是希臘語中「字母」的意思。

暢銷作《幾何原本》

歐幾里得的《幾何原本》可能在西元前300年左右寫成。雖然《幾何原本》並不是當時最新穎的數學理論書籍，但收集了眾多來自柏拉圖學院等當代數學成果，意義非常重大。加上後人也為《幾何原本》補充許多圖例與註釋，並翻譯成多國語言，甚至直到19世紀至20世紀初一直都是幾何學的教科書。因此，《幾何原本》被認為是僅次於《聖經》的暢銷書。中國則在1607年的明代，由利瑪竇與徐光啟翻譯出中文版的《幾何原本》。

利瑪竇（左）與徐光啟（右）

　　《幾何原本》共有13卷。其中也有提到無理數。書中以5個「不證自明」的公設為基礎，進行嚴謹的邏輯推導、得到結論。這個過程叫做「演繹法」，可以想成是實實在在、由下而上堆疊邏輯的做法。相較於此，由多項經驗推測「這樣的敘述大概正確吧」的推論方式，則稱做「歸納法」，統計學與AI（人工智慧）就是使用歸納法推論，所以得到的答案不一定正確。

《幾何原本》的部分內容

19世紀於埃及古城俄克喜林庫斯（Oxyrhynchus）的垃圾山出土的殘頁，過去認為它的歷史可以追溯到西元前300年左右，但現在則認為在是西元前75年至西元125年。

歐幾里得 ● Euclid

卷數	定義	公設	公理	命題	內容
第 1 卷	23	5	5	48	平面圖形的性質
第 2 卷	2	-	-	14	面積的變形
第 3 卷	11	-	-	37	圓的性質
第 4 卷	7	-	-	16	圓相接多邊形
第 5 卷	18	-	-	25	比例
第 6 卷	4	-	-	33	比例（圖形應用）
第 7 卷	22	-	-	39	數論（整數論）
第 8 卷	-	-	-	27	數論（整數論）
第 9 卷	-	-	-	36	數論（整數論）
第 10 卷	16	-	-	115	無理數
第 11 卷	29	-	-	39	立體圖形
第 12 卷	-	-	-	18	面積與體積
第 13 卷	-	-	-	18	正多面體

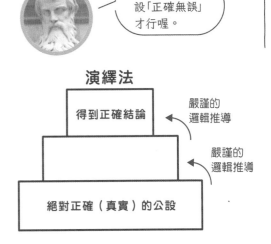

要先認同5個公設「正確無誤」才行喔。

演繹法

得到正確結論 ← 嚴謹的邏輯推導

← 嚴謹的邏輯推導

絕對正確（真實）的公設

《幾何原本》的第五個公設真的正確嗎？

《幾何原本》中認為以下5五個公設為「不證自明」，但第五個公設明顯比其他公設還要長，太奇怪了吧！

公設① 任意一點可向其他點拉出一條直線。

公設② 線段可無限延伸成直線。

公設③ 給定任意圓心與半徑，可畫出圓。

公設④ 所有直角都相等。

公設⑤ 一條直線與另外兩條直線（直線x、直線y）相交時，如果某側內角和比兩個直角（180°）小，那麼當我們無限延長這兩條直線時，這兩條直線會在內角和小於兩個直角（180°）的一側相交。

公設⑤也叫做「平行公設」。因為這個公設很長，所以自古以來就有人覺得「這真的不證自明嗎」、「是不是寫錯了」。

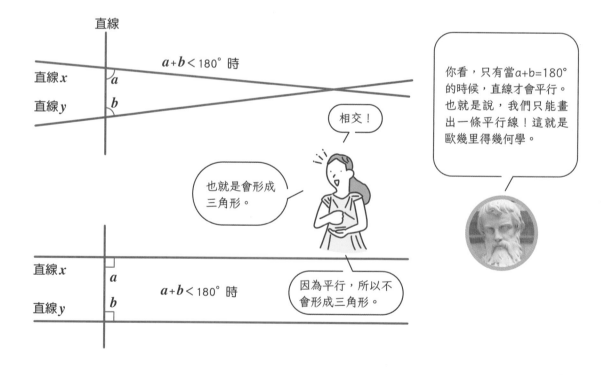

內角和比180°大或小的三角形？

歐幾里得的幾何學認為「平行線無法形成三角形」。不過19世紀的數學家羅巴切夫斯基（Nikolai Lobachevsky，1792年～1856年）、鮑耶（János Bolyai，1802年～1860年），以及黎曼（Bernhard Riemann，1826年～1866年）對此提出異議，他們三人分別考慮了以下的三角形：。

黎曼：「內角和大於180°的三角形！」

鮑耶、羅巴切夫斯基：「內角和小於180°的三角形！」

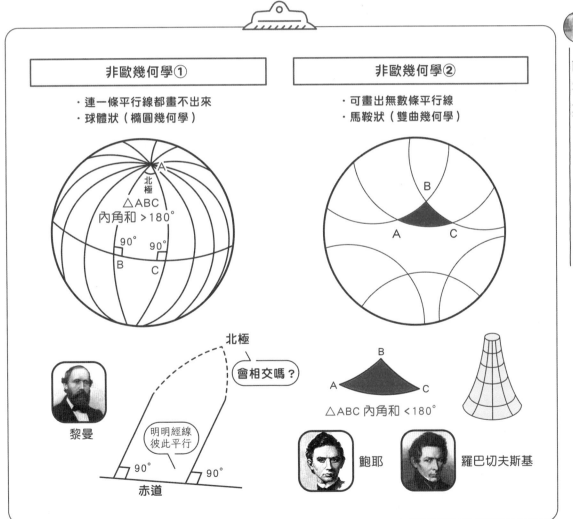

專欄 2　幾何學沒有捷徑

● 文武雙全的亞歷山大

　　亞歷山大大帝（Alexander the Great，西元前356年～前323年）的父親腓力二世（Philip II of Macedon，西元前382年～前336年），曾為了兒子的教育打造「米埃札學園」（Mieza），並邀請大哲學家亞里斯多德到馬其頓講課。在亞歷山大16歲以前，他都與托勒密一世（Ptolemy I Soter，西元前367年～前282年，後來成為埃及托勒密王朝的國王）一起在亞里斯多德底下學習。

　　有一次，亞歷山大問他的幾何學老師梅內克穆斯（Menaechmus，西元前380年～前320年，圓錐曲線的發現者）：「學幾何學有沒有更簡單的方法呢？」梅內克穆斯回答：「國王啊，雖然道路有分成一般的道路與國王專用的『王道』，但是幾何學只有一條路。」這就是「學問沒有捷徑」的由來。不過當時竟然存在「國王專用的道路」，這點也很讓人吃驚就是了。

　　類似的對話也發生在埃及國王托勒密一世與歐幾里得之間。國王問歐幾里得：「學幾何學時，有沒有比《幾何原本》更快的捷徑呢？」歐幾里得則回答：「即使是國王，學幾何學時也沒有專用的王道（捷徑）。」

　　身在21世紀的我們，雖然不容易接觸到歐幾里得的《幾何原本》，但在19世紀以前，《幾何原本》可是歐洲幾何學的必備教科書。由於《幾何原本》中定義與證明的篇幅都相當長，幾乎可以想像連國王看了都覺得無聊的樣子呢。

Archimedes

阿基米德

一個人擊退羅馬軍隊的數學家

● 西元前 287 年左右～前 212 年左右

阿基米德是古希臘數學家、科學家，以及工程師，終生都在西西里島的敘拉古度過。阿基米德在數學、物理學有許多重大貢獻，包括計算出圓周率為 3.14、提出阿基米德原理（浮力）等等；曾製造出巨大鉤爪、投石機等機械，協助敘拉古抵禦羅馬軍隊攻擊；更與牛頓（參考第84頁）、高斯（參考第120頁）並列三大數學家。

阿基米德的出生年分是從12世紀策策斯（John Tzetzes，1110年～1180年）《歷史叢書》（Book of Histories）中記錄的「阿基米德於75歲死亡」回推而來，並非精確數字。

對他人視若無睹的狂熱者

當阿基米德想到某個數學問題時，就會忘記當下的談話對象，沉浸在那個問題中。舉例來說，敘拉古國王希倫二世（Hiero II，西元前308年～前215年）曾請阿基米德幫忙判別「皇冠」的真假。結果阿基米德在浴場靈光一閃想到方法後，忘我的一邊大喊「Euraka！」（我知道了），一邊跑出浴場，無視旁人的在大街上裸奔。

「反證法」背後的祕密

　　阿基米德用「反證法」證明圓 X 的面積（左下圖）與直角三角形 Y（左下圖）相等。所謂的反證法，需要先推論出：

　　如果假設「X 的面積 > Y 的面積」，會產生矛盾！

　　如果假設「X 的面積 < Y 的面積」，會產生矛盾！

　　再由以上的兩項結果，間接證明「X 的面積 = Y 的面積」。

　　不過，如果要用反證法進行證明，需要事先想好「答案」才行。那麼，阿基米德是如何設想答案的呢？阿基米德將這個祕密記錄在寫給埃拉托斯特尼（Eratosthenes，西元前276年～前194年）的信裡，現在人們則將阿基米德寫的這些信統稱為《方法論》（The Method of Mechanical Theorems）。

　　《方法論》在1204年君士坦丁堡淪陷時遭十字軍奪走，被後人認為「已不存在於世間」了。不過在700年後的1906年，丹麥數學史學家海伯格（Johan Heiberg，1854年～1928年）卻偶然發現了這份文件。在他的解讀下，我們才得以了解當時阿基米德的解法。

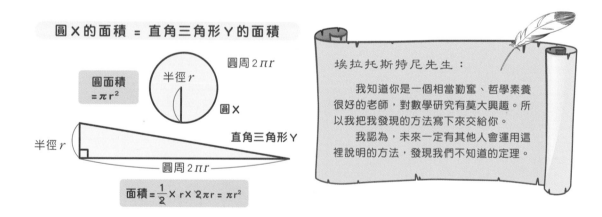

圓 X 的面積 = 直角三角形 Y 的面積

圓面積 $= \pi r^2$

圓周 $2\pi r$

半徑 r

圓 X

半徑 r

直角三角形 Y

圓周 $2\pi r$

面積 $= \dfrac{1}{2} \times r \times 2\pi r = \pi r^2$

埃拉托斯特尼先生：

　　我知道你是一個相當勤奮、哲學素養很好的老師，對數學研究有莫大興趣。所以我把我發現的方法寫下來交給你。

　　我認為，未來一定有其他人會運用這裡說明的方法，發現我們不知道的定理。

佳士得拍賣會的 B 先生

　　在海伯格之後，《方法論》的原書再度消失於世間，下一次現身是在20世紀末的1998年10月29日星期四，地點則是紐約的佳士得拍賣會場。

　　拍賣會場上一本保存狀態極差的書《阿基米德的覆蓋書寫本》（Archimedes Palimpsest，商品編號「Eureka9058」），以220萬美元落槌售出。購買者是誰呢？相關單位僅透漏是一位「不是比爾‧蓋茲的美國IT大亨」，並以「B先生」代稱。

　　在這之後，B先生將《阿基米德的覆蓋書寫本》交給美國巴爾的摩的沃爾特斯美術館（Walters Art Museum）保存，展開復原、數位化計畫，並贊助資金協助解讀工作。

覆蓋書寫本

阿基米德當初將《方法論》的內容全部寫在莎草紙上，但因為莎草紙不易保存，於是後來被人謄寫至羊皮紙上。不過之後有人在寫祈禱文時為了節省羊皮紙，就把原本《方法論》羊皮紙抄本上的文字擦除後，重複利用羊皮紙。這就是所謂的「覆蓋書寫本」。

《阿基米德的覆蓋書寫本》

寫在上層的祈禱文方向為由上而下，隱約可以看到一開始寫在羊皮紙上的阿基米德《方法論》位於下層，方向為由左而右書寫。
（上）以220萬美元落槌的覆蓋書寫本。
（左）以光學技術顯現，如浮雕般的《方法論》內容。
出處：沃爾特斯美術館

阿
基
米
德
● Archimedes

❶《方法論》的原稿。

❷ 將羊皮紙裁成一半，轉90度。

❸ 消除文字（紙會變薄）。

❹ 把這當成兩頁篇幅，寫上新的內容。

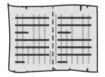

假皇冠事件

據說統治敘拉古的希倫二世與阿基米德是親戚，或許因為這個緣故，希倫二世偶爾會借重阿基米德的智慧來解決問題，比如「假皇冠事件」就是其中之一。當時希倫二世將純金交給金雕師製作皇冠，但有謠言指出「金雕師製作皇冠時混入銀金屬，藉此私吞多出來的黃金」。於是希倫二世對阿基米德說：「有人說這皇冠不是純金。但我已經請人確認過，皇冠重量確實與當初給金雕師的純金重相同。阿基米德，你能不能在不破壞皇冠的情況下，判斷這個皇冠是不是純金打造的呢？」你猜，阿基米德是如何解決這個問題的呢？

解決方法1 破壞皇冠

　　直接破壞皇冠，就可以知道皇冠是「純金」還是「鍍金」了。不過國王要求在「不破壞皇冠」，所以不能用這個方法。

破壞？

解決方法2 測量溢出的水

　　如果皇冠摻入了密度比較低的金屬，體積就會比等重的純金還要大。阿基米德泡澡時看到溢出的熱水，聯想到溢出熱水的體積會等於自己的體積。所以比較皇冠與等重純金放入水中溢出的水體積，就可以判斷皇冠是不是純金了。想到這點後的阿基米德，忍不住大喊：「Eureka！」故事雖然是這麼說，但這種做法真的可以解決問題嗎？作為工程師的阿基米德應該知道，測量表面張力與水體積的微量差異並不容易。所以阿基米德應該不是因為這樣而喊出「Eureka」。

Eureka！

真的是因為這樣而喊出 Eureka 嗎？

解決方法3 用天秤比較兩者體積

　　首先將皇冠與等重純金放在天秤兩端，天秤應該會保持平衡。接著如右圖所示，將皇冠與純金一起沉入水中：如果皇冠是純金製成，由於體積上「皇冠 > 純金」，因此皇冠會受到較大的浮力，使整體變得比較輕。也就是說，天秤會傾向一邊，這樣就可以判斷皇冠是否摻入了其他物質。

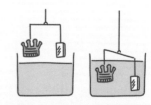

阿基米德曾被稱做天秤的魔術師

敘拉古的地緣政治

　　阿基米德出生於現在義大利西西里島的敘拉古。當時敘拉古雖然是古希臘的殖民地，卻因為地理上位於羅馬與迦太基（位於北非，是今日突尼西亞的發祥地）兩個超級大國的中間，常常被迫改變國策。

　　敘拉古在希倫二世的治理下與羅馬保持同盟關係，不過在希倫二世死去（西元前215年）後，敘拉古倒向迦太基。於是在第二次布匿戰爭（羅馬對上迦太基）中，羅馬軍從陸地與海洋雙向包圍了敘拉古。

　　在以小博大的劣勢中，阿基米德為了保衛敘拉古發揮了軍事上的長才，其中之一就是運用滑輪原理，製造出名為「阿基米德鉤爪」的兵器——以巨大鉤爪抓住羅馬軍艦，然後將船整個翻過去、沉沒；第二項貢獻則是運用槓桿原理，製造出巨大投石機襲擊羅馬軍隊。

阿基米德 ● Archimedes

讓羅馬軍隊大吃苦頭的阿基米德鉤爪

運用滑輪原理

羅馬軍艦

阿基米德之死

儘管敘拉古在攻防戰中努力堅持，最後卻因為友軍叛變而讓羅馬軍隊闖入市內，阿基米德也因此被殺害。當時，阿基米德正沉浸在地面描繪幾何學圖形，據說他還對殺上前來的敵兵說「不要踩那個圓」。雖然阿基米德一生的結局有多種說法，不過「在敵人闖入之際，還沉浸於幾何學中」這點，確實很有阿基米德的風格。

不要踩那個圓——

阿基米德墓前的是什麼圖形？

羅馬的政治家、哲學家西塞羅（Cicero，西元前106年～前43年）在西元前75年就任西西里亞的財政官，並發現了阿基米德的墓。阿基米德生前曾說「希望自己的墓前能刻上體積比為3：2的圓柱與球」，於是西塞羅便刻上了這樣的圖形。

《西塞羅與政務官發現阿基米德的墓》（Cicero and the magistrates discovering the tomb of Archimedes）班傑明·韋斯特（Benjamin West，1738年～1820年）繪。

被譽為「數學諾貝爾獎」的菲爾茲獎，獎牌背面繪有阿基米德的側臉。

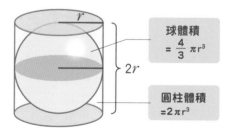

球體積
$= \frac{4}{3}\pi r^3$

圓柱體積
$= 2\pi r^3$

阿基米德相當喜歡「圓柱：球 = 3：2」這個體積比。

Hypatia

希帕提亞

她的命運象徵了亞歷山卓的沒落

● 西元 350 年～ 370 年左右出生，415 年 3 月死亡

希帕提亞是希臘的數學家、天文學家、哲學家（新柏拉圖主義），曾經為丟番圖（Diophantus of Alexandria，3世紀）的《算術》（Arithmetica）、希臘佩爾格的阿波羅尼斯（Apollonius of Perga，約西元前262年～約前190年）的《圓錐曲線論》（Conics）作註。

希帕提亞是埃及亞歷山卓圖書館，最後一位館長席昂（Theon of Alexandria，西元335年～405年）的女兒，415年時被基督教的暴徒殺害。

繁榮的亞歷山卓

西元前4世紀，馬其頓的亞歷山大大帝夢想建立世界級的帝國，在東征波斯、印度的過程中，於世界各地建立「亞歷山卓」城市，並引入希臘文化。在亞歷山大死後，帝國分裂，建於埃及的亞歷山卓則成為埃及托勒密王朝（Ptolemaic dynasty，西元前305年～前30年）的首都，居住人口一度超過100萬人，是當時最大的都市。

當時埃及的亞歷山卓，可以說是世界的文化中心。其中附設於繆斯神廟（Musaeum，博物館museum的語源）的亞歷山卓圖書館，藏有超過70萬卷的莎草紙文書。阿基米德敬愛的朋友科農（Conon of Samos，約西元前280年～約前220年）、埃拉托斯特尼都曾在這個地方學習。

希帕提亞登場時的亞歷山卓

不過，在阿基米德活躍時期的600年後，亞歷山卓的周遭情勢大幅改變。首先，埃及的基督教勢力越來越龐大，他們與當地原住民、異教徒的紛爭也持續擴大；加上統領埃及的東羅馬帝國皇帝狄奧多西一世（Theodosius I，西元379年～395年在位），准許人民破壞埃及的非基督教宗教設施與神殿。最終在西元391年，亞歷山卓圖書館遭基督教徒破壞，許多書籍付之一炬。

高人氣遭反對勢力憎恨

當時的亞歷山卓圖書館館長（也是最後一位館長的席昂）有一位優秀的女兒希帕提亞，在數學、天文學、哲學上表現都十分傑出。在數學領域，她為丟番圖的《算術》、阿波羅尼斯的《圓錐曲線論》作註；阿拉伯語版的《算術》至今仍保留了一小部分她的註解。在

左：亞歷山卓圖書館的內部想像圖。
上：現在的亞歷山卓圖書館。

出處：Carsten Whimster

哲學領域，她是新柏拉圖主義哲學的學校校長，為許多年輕男性講解柏拉圖與亞里斯多德的哲學課程，很有聲望。

亞歷山大死後，馬其頓帝國一分為三，分別是埃及的托勒密王朝、敘利亞的塞琉古王朝（Seleucid dynasty）、馬其頓的安提柯王朝（Antigonid dynasty），三者都繼承了「希臘化文明」。
托勒密王朝於西元前196年留下的羅塞塔石碑，在1799年被拿破崙（Napoleon，1769年～1821年）發現，成為解讀古文明的契機。

包含阿基米德在內的世界各地優秀學者紛紛前往首都亞歷山卓內的繆斯，為的就是亞歷山卓圖書館的藏書。

希帕提亞●Hypatia

高聲望遭嫉

　　希帕提亞終生未婚，一生致力於以哲學探究神的存在、以數學與天文學描述哲學。她的美德超越了宗教派別，吸引許多人（包括男性）的支持，在一般市民間很有聲望。

　　不過，這樣的高人氣也讓基督教高層，以及依照舊習慣生活的人們感到恐懼、憎惡。加上她教授的科學式哲學反對神祕主義，甚至還說「教導他人迷信，是很可怕的事」，更讓雙方關係近一步惡化。

怒火終於爆發

　　最後，基督教瘋狂教徒的怒火終於爆發。西元415年，憎惡希帕提亞的西里爾（Cyril of Alexandria，西元376年～444年）宗主教煽動基督教徒，埋伏在希帕提亞回家的路上，殺害了她。

　　此時亞歷山卓圖書館已遭破壞，許多優秀學者又以希帕提亞殺害事件為契機離開了埃及。希帕提亞的殞落可以說是埃及與整個歐洲社會，陷入長期「科學黑暗時代」的預兆。

被反對勢力帶走的希帕提亞。

性別歧視的啟示

　　希帕提亞是歷史上第一位女性數學家、第一位女性哲學家，因而在男性優勢的世界中，常被當做性別歧視的例子。她也擁有「希臘系西方人、（似乎擁有）美貌」等女性「理想中的樣子」。換句話說，不只是「性別歧視」，希帕提亞也是討論「人種歧視」、「未婚歧視」等問題時，經常提出的例子。

　　在希帕提亞之後的1600年，21世紀的日本仍有一群反對女性在社會上活躍的勢力——OBN（Old Boys Network）。如果我們想克服性別歧視、少數群體歧視等問題，不只需要像是希帕提亞這樣的強力領導人，也需要堅強的後援勢力才行——這大概就是希帕提亞的生平告訴我們的事。

第 2 章

中世紀於義大利
復活的代數學

歐洲的數學空白時代，印度、伊斯蘭世界的數學新發展

　　隨著有著數學DNA的亞歷山卓沒落，古希臘的數學也在西元前5世紀中畫下句點。之後，歐洲就在羅馬時代的統治下專注於實用學問，停止發展創造性的數學。

　　在數學的火炬傳回歐洲之前，這段堪稱「數學空白時代」的700年間（5世紀～12世紀），積極引入、翻譯、保護、發展希臘數學的，則是阿拉伯、印度等地的人們。

5世紀的印度，阿耶波多登場！

　　希帕提亞死後，在波斯、印度一帶第一位登場的數學家，是印度的阿耶波多（Aryabhata，476年～約550年），但有關他的生平資料卻相當稀少。

　　阿耶波多生活於印度笈多王朝（Gupta Empire，約320年～約550年）的年代，當時執政者鼓勵民間（經由阿拉伯、波斯）與歐洲及中國交流文化，使印度的天文學、數學、化學急速發展。作為代表人物的阿耶波多，就以希臘的天文學為基礎，打下了印度天文學與數學的根基。阿耶波多有《阿耶波多曆算書》（Aryabhatiya）、《阿耶波多曆數書》（Aryasiddhanta）等著作，藉由引進希臘數學來發展印度數學。他也是第一位正確計算出圓周率小數點以下4位的數學家（阿基米德僅計算出3.14，為小數點以下2位）。

阿耶波多像。

另外，他也說明了日蝕與月蝕的機制，並提到行星發出的光是反射自太陽光。或許是出於這個原因，1975年印度的第一顆人造衛星就被命名為「阿耶波多」。

零在3世紀至4世紀時才被發明出來？

首先發明「零」這個概念的是印度人，但我們並不曉得發明的確切時間點。過去我們以為印度數學家婆羅摩笈多（Brahmagupta，約598年～約668年）在628年寫下的《婆羅摩曆算書》（Brahmasphu asiddhanta）中，將「零」稱為「shunya」，是世界上首次出現「零」的概念。

不過，現代科學家用放射性碳定年法，測定在印度瓜廖爾（Gwalior）一座寺院牆上的「零」符號時，發現這是3至4世紀的產物，所以目前我們認為這才是「零的首次登場」。在這之後，零的概念傳到阿拉伯，並在花拉子米（Muhammad ibn Musa al-Khwarizmi，約780年～約850年）（參考第42頁）撰寫的拉丁語翻譯版中，稱其為「阿拉伯數字」（原本應該要叫做「印度數字」才對）。

「零」有兩個意義，分別是「什麼都沒有、無」，以及「表示『位』的符號」。

相較於印度，埃及在4000年前同樣擁有複雜的文明，數學也相當發達，但為什麼埃及沒有發現或發明「零」這個概念呢？有些人認為，這是因為埃及發展的是幾何學，而「零」在幾何學上的必要性沒那麼高。譬如幾何學不會去討論面積為零、高度為零之類的圖形。

零

無

表示「位」的符號。

古希臘也沒有「零」的概念，然而原因和以幾何學為主流的古埃及不同，而是受到亞里斯多德的哲學影響。舉例來說，「空間」看來似乎什麼都沒有，但亞里斯多德認為「自然界討厭真空」，所以不認同「真空」的概念，主張就算是看似空無一物的天空，其中也中充滿著「乙太」這種東西，而摒棄了「無」（零）的概念。此外，亞里斯多德也覺得宇宙是以地球為中心的「有限世界」，因此也摒棄了「無限」（∞）的概念。

後來，中世紀的歐洲繼承了亞里斯多德的觀點，不考慮「無」與「無限」的概念（特別是基督教）。甚至在17世紀以前，主張「無」與「無限」的人會被基督教判為反叛罪而處以火刑。直到17世紀後半或18世紀，牛頓與萊布尼茲才發展出了用到「無限趨近於0」概念的微積分。

6世紀，印度的婆羅摩笈多

在5世紀的阿耶波多之後，婆羅摩笈多於6世紀登場。不過目前我們對他的認識不多，只知道他的父親是占星師，他本人則是天文臺管理人。西元628年，婆羅摩笈多寫下了《婆羅摩曆算書》，書中介紹了「零」的概念，但也出現了0÷0=0（正確答案應為「不定值」）這樣的錯誤。

此外，書中提到了不定方程組式（方程式的數目少於未知數的數目），以及國中曾學過的「二次方程式根式解」（下式）。這些知識都是皆透過伊斯蘭世界才傳遞到至歐洲。

$$ax^2+bx+c=0時，x=\frac{-b\pm\sqrt{b^2-4ac}}{2a}\ (a\neq 0)$$

婆羅摩笈多活躍的時間，與因《西遊記》而廣為人知的玄奘（唐三藏）訪問印度時期（629年～645年）重疊，這個時候的笈多王朝已衰退，正綻放著最後的榮光；日本此時則是處在大化革新前夕，蘇我氏氏族的全盛時期。

8世紀，伊斯蘭世界的花拉子米

伊斯蘭世界繼承了印度的數學。花拉子米則是當時活躍於巴格達的天文學家、數學家。

花拉子米在820年寫下了《完成和平衡計算法概要》（al-Kitāb al-Mukhtaṣar fī Ḥisāb al-Jabr wal-Muqābalah）這本最古老的代數學書籍。這本書傳至歐洲後，al-Jabr轉變成了「algebra」也就是今日的「代數學」；此外，Jabr有「整合零散的東西」的意思，也就是今日所謂方程式中的「同類項合併」。

在12世紀時，花拉子米的另一本著作《印度算書》（kitāb al-ḥisāb al-hindī）從阿拉伯語翻譯成了拉丁語，以《Algoritmi de numero Indorum》的書名進入歐洲，簡稱《Algoritmi》，於是「algoritmi」便成為了「計算步驟」的代稱。

現在資訊領域將「計算步驟」稱做algorithm（演算法），就是源自「algoritmi」這個詞（另外，algoritmi的意思則是「花拉子米如是說」）。

《完成和平衡計算法概要》的一頁。

11世紀，波斯的奧瑪·海亞姆

奧瑪·海亞姆（Omar Khayyám，1048年5月18日～1131年12月4日）是塞爾柱王朝（Seljuk dynasty）的波斯數學家、天文學家、醫生、詩人，可以說是一名萬能的學者。

海亞姆編制的亞拉里曆是現行伊朗曆的前身。該曆法在33年內置8個閏年，並計算出1年為365.24219858156日。這個數字比1年為365.2425日的格里曆還要精確；但置閏規則「每4年一次閏年，7次閏年後，隔5年再置一次閏年」過於奇怪，所以亞拉里曆並沒有普及開來。

奧瑪·海亞姆
影像來源：ATillin

在數學領域中，海亞姆寫出了三次方程式的一般解、提出二項式展開（帕斯卡三角形），並批評了歐幾里得《幾何原本》的平行線第五公設（參考第26頁）。他的評論後來傳至歐洲，為「非歐幾何學」的發展推了一把。

其後，印度的婆什迦羅二世（Bhāskara II，1114年～1185年）登場，提出了二次、三次、四次方程式的解法。這些解法經翻譯後，讓歐洲數學遍地開花，真正拉開了代數學時代的布幕。

費波那契

計算兔子的達人？

喚醒歐洲數學的男人

● 1170 年～ 1250 年左右

費波那契是義大利比薩的商人之子，提出了 1, 1, 2, 3, 5……這個獨特的「費氏數列」。

費波那契本名為 Leonardo da Pisa，意思是為「比薩村的李奧納多」，Fibonacci 則是他的外號。Fibonacci 意思是「Bonacci 的兒子」，不過 Bonacci（單純的意思）也不是他父親「古列莫（Guglielmo）」的本名，而是暱稱。所以「Fibonacci」這個名字可說是「由父親的暱稱衍生出來的暱稱」。

旅程中學習阿拉伯數字

古列莫原本是比薩的商人，在帶著兒子費波那契移居北非後，於阿爾及利亞的貝賈亞（Bugía）做生意；不過，也有一種說法是古列莫被任命為貝賈亞的執政官員，因此才移居該地。費波那契在貝賈亞學會了阿拉伯數字，並注意到阿拉伯數字在計算時，比歐洲使用的羅馬數字還要方便很多；之後他也遊歷埃及、敘利亞、希臘等地學習數學。回到故鄉義大利後，費波那契在西元 1202 年出版《計算之書》（Liber Abaci），獲得了很高的評價。順帶一提，我們一般說的「阿拉伯數字」，其實是由印度人發明，所以說它們是「印度數字」或「印度-阿拉伯數字」比較正確。

計算之書

在《計算之書》中，費波那契介紹了0到9的阿拉伯數字，以及這些數字在「位數計數法」上的優點，更介紹它們在會計學與利息計算等實務上的應用。於是，全歐洲都接受了《計算之書》，並大大影響了商業領域。後來費波那契的名聲傳到了神聖羅馬帝國的腓特烈二世（Federico II Hohenstaufen，1194年～1250年）耳中，更是受邀成為王家的座上賓。他在1225年出版的《平方之書》（Liber Quadratorum）也讓腓特烈二世稱讚有加。

《計算之書》中相當有名的例子就是「以兔子比喻費波那契數列」了，除此之外也有許多有趣的內容成為了後世數學益智問答題的原型。譬如「在一個深50呎的洞穴中有隻獅子，牠每天往上爬1/7呎，卻也每天往下滑落1/9呎，那麼獅子在第幾天才能逃離洞穴？」這樣的問題（答案：第1572天）。

費波那契 ● Fibonacci

印度・阿拉伯數字的讀法與寫法
整數乘法
整數加法
整數減法
整數除法
整數與分數的乘法
分數與其他計算
三率法與商品價值
商品與類似物件的交換
公司與股東
貨幣成色
解題法
假設法
平方根與立方根
幾何學（含測量）與代數學

《計算之書》（1227年版）的部分與整體編排

上方並非費波那契原版的《計算之書》，而是1227年，費波那契獻給蘇格蘭占星師、數學家斯科特（Michael Scot，約1175年～約1232年，侍奉腓特烈二世的學識僧侶）的修訂版。斯科特後來移居西班牙托利多與義大利西西里島，翻譯了許多阿拉伯語的書籍。反對伊斯蘭科學（占星術等）的詩人但丁，在《神曲》中將斯克特描寫成一位「擅長用魔法蠱惑人心的人」，並在後來墮入地獄。

以「o」表示「位」

阿拉伯數字		羅馬數字	
1	10	I	X
2	20	II	XX
3	30	III	XXX
4	40	IV	XL
5	50	V	L
6	90	VI	XC
7	100	VII	C
8	900	VIII	CM
9	1000	IX	M

費波那契數列問世

費波那契的名字之所以能流傳後世，是因為《計算之書》中出現的「費氏數列」。這個高中數學課本一定會提到的神奇數列為「1, 1, 2, 3, 5, 8, 13, 21, 34, 55, 89……」，規則是「每個數都是『前兩項的加總』」。

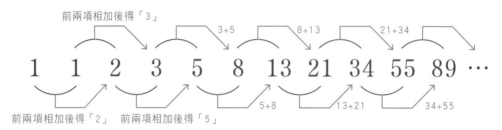

前兩項相加後得「3」

3+5　8+13　21+34

1　1　2　3　5　8　13　21　34　55　89 …

前兩項相加後得「2」　前兩項相加後得「5」　5+8　13+21　34+55

存在於自然界中的神奇數列

為什麼費氏數列會這麼受到矚目呢？因為自然界許多地方都可以發現費氏數列的存在。舉例來說，櫸樹枝條的分岔方式就近似於費氏數列：在第一個分岔之後，其中1個分枝會立刻再度分岔，另一個分枝則不會分岔。相同過程重複多次後，

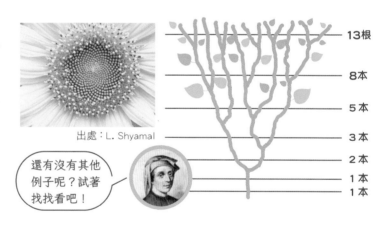

出處：L. Shyamal

還有沒有其他例子呢？試著找找看吧！

13根
8本
5本
3本
2本
1本
1本

就會形成費氏數列。向日葵的種子中，有55個為順時鐘排列，89個為逆時鐘排列，這也和費氏數列中的55、89一致。

關於「為什麼自然界中常可看到費氏數列」有許多種說法，目前還沒有定論。

將對應的正方形排列出來

次頁是許多正方形的排列結果。最初的小正方形邊長為1，將兩個邊長為1的小正方

形合併後，可以得到邊長為2的長方形。接著以長方形的長（＝2）為邊長，作正方形，合併後可以得到更大的長方形；再以這個更大型長方形的長（＝3）為邊長，作正方形並合併；再以該長方形的長（＝5）為邊長作正方形並合併……依此類推，也可以得到費氏數列。

　　費波那契在《計算之書》中說，費氏數列是「與兔子繁殖有關的數學計算」。雖然印度的數學家們早在6世紀左右就已經知道這樣的數列，不過費波那契是第一位把這個數列介紹到歐洲的人。

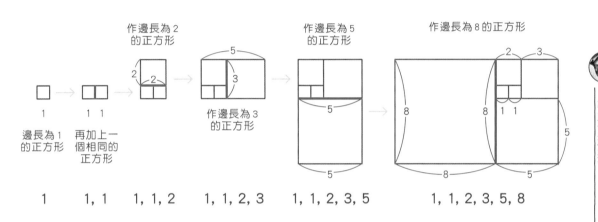

作邊長為2
的正方形　　　　作邊長為5
　　　　　　　　的正方形　　　　作邊長為8的正方形

費波那契●Fibonacci

邊長為1
的正方形　再加上一
　　　　個相同的
　　　　正方形　　　　作邊長為3
　　　　　　　　　的正方形

1　　　1, 1　　　1, 1, 2　　　1, 1, 2, 3　　　1, 1, 2, 3, 5　　　1, 1, 2, 3, 5, 8

一對兔子的計算問題

　　《計算之書》中登場的兔子數數問題如下：

「1對兔子在出生2個月後，每個月會產下1對兔子。假設兔子不會死亡，那麼剛出生的1對兔子，在1年內可以繁殖出多少對兔子呢？」

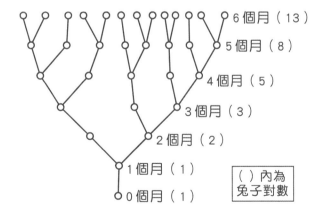

6個月（13）
5個月（8）
4個月（5）
3個月（3）
2個月（2）
1個月（1）
0個月（1）

（ ）內為
兔子對數

第一對兔子出生後，要等2個月才能生下兔子。兔子對數的變化畫成圖後，如前頁所示（僅列出出生後6個月內的情況）；1年內的詳細情況請參考右表。

櫸樹枝條的分岔數、兔子對數、正方形的排列，在許多我們想不到的地方，都可以看到費氏數列的身影。我們稍後還會提到，這些數字的特徵、比例也暗藏玄機。

	剛出生的對數	出生後1個月的對數	出生後2個月的對數	兔子對數（合計）
0個月後	1	0	0	1
1個月後	0	1	0	1
2個月後	1	0	1	2
3個月後	1	1	1	3
4個月後	2	1	2	5
5個月後	3	2	3	8
6個月後	5	3	5	13
7個月後	8	5	8	21
8個月後	13	8	13	34
9個月後	21	13	21	55
10個月後	34	21	34	89
11個月後	55	34	55	144
12個月後	89	55	89	233

項次為3、4、5的倍數的規則

費氏數列1, 1, 2, 3, 5, 8, 13, 21, 34, 55, 89……隱藏著許多祕密。首先在費氏數列中，項次為「3的倍數」的數，這些數全都能被「2」整除；接著看項次為「4的倍數」的數，這些數都能被「3」整除；項次為「5的倍數」的數，都能被「5」整除。費氏數列並不是甚麼艱難的數學理論，從中尋找規則就好像益智遊戲一樣，不僅每個人都辦得到，而且很有趣呢。

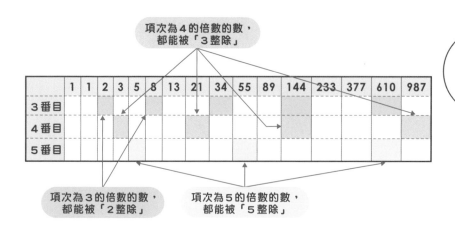

項次為4的倍數的數，都能被「3整除」

	1	1	2	3	5	8	13	21	34	55	89	144	233	377	610	987
3番目																
4番目																
5番目																

項次為3的倍數的數，都能被「2整除」

項次為5的倍數的數，都能被「5整除」

你也試著從費氏數列中找找看有趣的規則吧。

隱藏其中的「黃金比例」

接著讓我們試著從費氏數列1, 1, 2, 3, 5, 8, 13, 21, 34, 55, 89……中,算出取「某數與前一個數的比值」,如下所示。

1/1=1	2/1=2	3/2=1.5
5/3=1.667……	8/5=1.6	13/8=1.625
21/13=1.615……	34/21=1.619……	55/34=1.6176……

可以看到,這個比例會越來越接近「黃金比例」(約1:1.618)。黃金比例比的比值為$\frac{1+\sqrt{5}}{2}$,一般認為,當長方形的長寬比值接近黃金比例時,是「最美的」長方形。

古夫金字塔的底邊為230.34公尺,完成時的高度被認為是146.6公尺。計算「寬度÷高度」後可以得到1.571(與黃金比例1.618相差0.047),比黃金比例小;現在的高度則為138.5公尺,比例為1.663(誤差為0.045),比黃金比例稍大。這表示,在「剛完成」與「現在」的時間中間左右——約為西元前270年(阿基米德出生前後),古夫金字塔的高與寬曾是黃金比例!

西元前 2560 年左右
(完成時)

1 : 1.571

146.6m

230.34m

西元前 270 年左右?
1:1.618?
阿基米德?

現在

過了 4600 年後矮了 8 公尺。

1 : 1.663

138.5m

230.34m

費波那契 Fibonacci

費氏數列的變形

費氏數列不僅存在於自然界,在人類社會中也很受歡迎。由湯姆·漢克斯(Tom Hanks)主演改編電影的世界級暢銷書《達文西密碼》中,解開船隻鑰匙密碼的關鍵就是費氏數列。

在日本，陰陽師安倍晴明的桔梗紋是一個五芒星，它的「除魔」效果廣為全世界人們所知。這個五芒星中，紅線÷藍線、藍線÷綠線、綠線÷黃線皆為1.618……也就是黃金比例分割。

股票市場的費氏數列

股票市場有「費波那契回調」（Fibonacci retracement）這個術語。「回調」就是往反方向移動的意思，而費波那契回調，指的是股價回調時，會在費氏數列比例（黃金比例）的位置轉回原本的大方向。一般而言，即使某支股票整體呈現上漲或下跌趨勢，偶爾還是會發生回跌或回漲的情況，導致股價出現如鋸齒般的軌跡；不過在一定程度後，就會回到原本的趨勢。如果能預測拉回或反彈停止的時間點，就能賺大錢（或是減少損失）了。考慮到股價起伏表現出投資者們的心理，那麼黃金比例這種自然界的理論，自然也適用於此了。當然，並不保證這規則一定會成立！

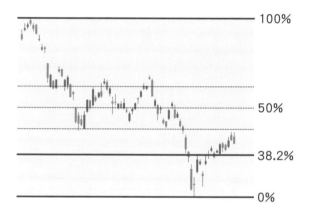

費波那契的名言

「印度人使用的 9 個數字分別為 9, 8, 7, 6, 5, 4, 3, 2, 1。再加上阿拉伯人發明，念作 zephirum 的『0』，就能表示每一個數字。」

Pacioli

帕奇歐里

活躍於文藝復興時期的會計學之父

● 1445年～1517年

帕奇歐里（Luca Pacioli）是在費波那契過世200年後，於歐洲文藝復興時期（1300年～1600年）登場的義大利數學家，也是方濟各會的修道士。他寫下了複式簿記法的教科書《算術、幾何、比例總論》（Summa），被稱做「近代會計學之父」（不過他並不是複式簿記法的創始人）；另外，帕奇歐里也因為這本書而與達文西成為很好的朋友。

很會教學的
人氣講師

帕奇歐里的人生

　　帕奇歐里出生於義大利托斯卡尼地區聖塞波爾克羅（Sansepolcro）的貧窮家庭。當時歐洲正值文藝復興的繁盛期，社會經濟成長迅速，帕奇歐里從年輕時就開始學習商業與數學。移居威尼斯後，擔任富商羅姆皮亞西（Antonio Rompiasi）三個孩子的家庭老師，也編寫算術書籍謀生，並在1472年成為方濟各會的修道士，1477年於佩魯賈大學、比薩大學、拿坡里大學、羅馬大學教數學。

威尼斯

羅馬

聖塞波爾克羅

1490年以後，帕奇歐里獲得了米蘭斯福爾扎（Sforza）家族的贊助，與達文西共同研究幾何學型的立體圖形。1494年，他執筆編寫數學書籍《算術、幾何、比例總論》，首度以學術方式介紹複式簿記法。

數學老師是畫家

弗朗切斯卡的《基督受洗》（Baptism of christ，約1450年繪）用到了透視法。

在帕奇歐里小時候，教他數學與繪畫的是畫家弗朗切斯卡（Piero della Francesca，1412年～1492年）。他與帕奇歐里同樣是聖塞波爾克羅的鞋匠之子，也是在他帶領之下，帕奇歐里才能使用烏比諾公爵蒙特費爾特羅（Federico da Montefelto，1422年～1482年）的圖書館。

弗朗切斯卡是美術史上最精通數學與幾何學的畫家。左方他的《基督受洗》就有用到透視法技巧；數學相關著作包括以通俗語言寫成的《算術論》（Trattato d'Abaco）、《透視法論》（De prospectiva pingendi）、《五正多面體論》（De quinque corporibus regularibus）等。

大眾讀物《算數、幾何、比例總論》

1494年，帕奇歐里透過威尼斯共和國（Republic of Venice）的出版社出版《算術、幾何、比例總論》。由於這本書的邊寫過程使用了烏比諾公爵的圖書館，所以在開頭寫有給烏比諾公爵的謝詞。

雖然古騰堡（Johannes Gutenberg，約1398年～1468年）的印刷術在1460年代就已經傳至義大利，不過當時威尼斯在紙質、字體的印刷技術上水準比較高。

《算術、幾何、比例總論》的原文正式名稱為《Summa de arithmetica, geometria, proportioni et

帕奇歐里編寫的《算術、幾何、比例總論》初版。
出處：Wellcome圖書館（倫敦）

proportionalita》，但因為書名太長，所以通常簡稱為《Summa》。帕奇歐里將這本書的讀者設定為商人，因此並非以當時學術界慣用的拉丁文來寫作，而是以義大利文下筆。順帶一提，這類1500年以前的金屬活字印刷出版物，稱做搖籃本（incunable）。世界也因為金屬活字印刷術的成熟，進入了知識大量傳播的時代。

影響直至今日的複式簿記論

《算術、幾何、比例總論》中，複式簿記論在第一部（代數）的第九篇，有系統的介紹了威尼斯商人使用的複式簿記法：所有交易都分成借方與貸方，這麼做可以正確表明資產的移動或損益狀態，方便確認記帳是否出現錯誤。《算術、幾何、比例總論》讓歐洲各國了解到複式簿記的優點，複式簿記論的部分也被翻譯成了多國語言。到了21世紀的今天，幾乎所有國家都還是使用複式簿記。

複式簿記可以找出記帳時的錯誤喔！

帕奇歐里 Pacioli

金融從業者必備常識——72法則

你聽過「72法則」嗎？對金融從業者而言，72法則可以說是必備常識，而第一個提及72法則的書籍，就是帕奇歐里的《算術、幾何、比例總論》。

如果本金以「複利」的方式產生利息，
想要讓錢增加到原本本金的2倍，需要的時間（年數）為：

$$\frac{72}{利率} = 本金變為2倍所需年數$$

舉例來說，假設銀行的利率是6%，
那麼把錢放在銀行就需要12年才會變成原本的2倍。
以此類推，利率為3%就需要24年、0.1%就需要720年。

在日本泡沫經濟的年代，年利率7%不是什麼稀奇的事，存款在銀行只需要10年就會變成2倍。但是現在則是超低利率時代，利率只有0.002%，因此存款在銀行需要3萬6000年才會變成2倍。72法則也有變形版「144法則」，可概算多少年後會變成4倍。

《算術、幾何、比例總論》大獲好評！與達文西成為摯友！

或許是帕奇歐里善於教學的緣故，他在各個大學可說是名聞遐邇，課程也非常受到歡迎。在1494年《算術、幾何、比例總論》出版後，帕奇歐里也因而認識了對這本書很有興趣的達文西並成為了摯友，還教導達文西數學。

後來，帕奇歐里在1509年出版的《神聖的比例》（Divina proportione）中提到黃金比例、透視法在視覺藝術與建築學上的應用，也在書中插入許多達文西的作品（譬如多面體的圖）。

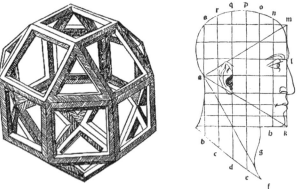

帕奇歐里《神聖的比例》中的版畫。

從二次方程式到三次、四次

帕奇歐里在《算術、幾何、比例總論》中介紹了二次方程式的解法，並提到三次方程式沒有一般解（但實際上有）。關於三次、四次方程式的研究，則留待下一節中提到的卡爾達諾（Gerolamo Cardano，1501年～1576年）才得以發展。此外，帕奇歐里也在帕斯卡（Blaise Pascal，1623年～1662年，參考第70頁）與費馬（Pierre de Fermat，1607年～1665年，參考第76頁）之前，以賭博為例提出「機率」問題，是數學史上第一個討論機率的人。

Cardano

卡爾達諾

妖術師

以破解三次方程式聞名

● 1501年9月24日～1576年9月21日

　　吉羅拉莫‧卡爾達諾（Girolamo Cardano）是出生於義大利米蘭的數學家。本業為醫生，但同時也是占星師、賭徒、哲學家、發明家。身為一位醫生，卡爾達諾因發現傷寒而成名；數學方面他在《大術》（Ars Magna，也稱《偉大技藝或代數規則》）一書中發表了三次、四次方程式的根式解，並提到了虛數的概念，為代數學的發展做出很大的貢獻；占星術則豐富了他的人生。據說他預言了自己的死期，並為了讓預言成真而自殺。

卡爾達諾的自傳

　　卡爾達諾在自傳《我的人生之書》（De propria vita）中，詳細說明了自己的人生。他的父親來自優秀的家族，是位善於數學的著名律師，就連達文西也是他的朋友。卡爾達諾是母親墮胎失敗而產下的私生子，雙親都暴躁易怒，並沒有好好對待他；據說在7歲以前，卡爾達諾還經常被雙親毆打。在出生1個月左右，他的奶媽因鼠疫而死亡，於是卡爾達諾回到母親身邊，臉上也因鼠疫留下了5個排列成十字架狀的瘤狀痕跡。3年後，卡爾達諾不僅在臉上同一個地方長出了天花的膿包，後來還感染了痢疾、被落石砸中頭等，度過一段不算幸福的人生。

多才多藝的卡爾達諾

 ## 作為醫生的一面

他發現了傷寒、過敏，並確立了痛風的治療方式，後來成為米蘭醫師協會的會長，對診斷相當有自信。

 ## 作為發明家的一面

曾發表由原文（明文）自動生出密鑰的自動密鑰、將原文放置在特定位置的「卡丹格密碼」（Cardan grille）。

另外，還曾提出可自由改變接合角度的萬向接頭（Cardan joint），但不確定是否曾實際做出來。

性格

稍微有些口吃，不大善於與人相處，朋友很少。

 ## 數學家的一面

在自著作品中提到三次、四次方程式的根式解，也是世界上第一個提出「虛數」概念的人。

 ## 賭徒的一面

賭了40年以上的西洋棋、25年左右的骰子，失去了許多財產與時間。雖然天性並沒有特別喜歡賭博，但他人的中傷、嫌惡，以及貧困、虛弱體質等，把卡爾達諾推向賭博深淵。

賭博 → 機率論 → 帕斯卡、費馬

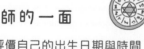 ## 占星師的一面

以占星術評價自己的出生日期與時間、做出受到英格蘭國王讚賞的預言，也成功預言了自己的死亡日期。

 ## 工程師的一面

說明磁力現象與靜電現象的差異。

方程式的流派決鬥

　　卡爾達諾生活在歐洲代數學蓬勃發展的16世紀，當時數學家交流代數學的核心活動，就是提出方程式難題並在公開場合進行「流派決鬥」，一但獲勝便能獲得金錢與名聲。由於當時大家早已知道二次方程式的根式解，所以都是在三次、四次方程式上決勝負。

你會解$x^3-6x^2+11x-6=0$嗎？

你該不會已經推導出三次方程式的根式解了吧？

$x=1, x=2, x=3$

公式？就算知道也不能告訴你啊。

拜託你告訴我三次方程式的解法啦！

不要，我要發表在自己的書上。

我一定不會透漏給其他人。

很煩耶，你真的不會說出去嗎？

那就教教你吧。但你絕對不能先發表喔。

卡爾達諾　　　塔爾塔利亞

卡爾達諾 ● Cardano

在費羅未發表的論文(遺稿)中發現三次方程式的解！

三次方程式可以用這個方法解出答案喔！

費羅的遺稿

被嚇到的卡爾達諾

咦？真的嗎？既然塔爾塔利亞不是第一個發現的人，那就沒有必要遵守約定了吧？

那傢伙居然毀約，不可原諒！

非常生氣的塔爾塔利亞

卡爾達諾發表了《大術》一書，在書中明白寫出三次方程式的解來自費羅（Scipione del Ferro，1465年～1526年）、塔爾塔利亞的研究，四次方程式則來自費拉里（Lodovico Ferrari，1522年～1565年，卡爾達諾的弟子）的研究。塔爾塔利亞對卡爾達諾沒有遵守約定十分生氣，但為時已晚。

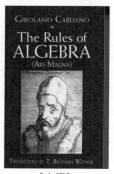

《大術》

從單傳到公開知識

　　當時，即使在數學對決之類的場合，也不會公開方程式的解法，最多只會傳給自己的一位弟子而已。雖然卡爾達諾也認同這點，不過在他寫下這本書時，或許也有著「讓大眾知道這項知識」的意思。

塔爾塔利亞

自學達人

將代數學推展到極致的男人

● 1499 年(或 1500 年)～ 1557 年 12 月 13 日

尼科洛・豐坦納（Niccolò Fontana）是出生於義大利布雷西亞的數學家。在以爭奪土地為目標的康布雷同盟戰爭（War of the League of Cambrai）期間，法軍侵入布雷西亞，殺害了4萬5000名人民。當時還是少年的塔爾塔利亞被人用軍刀砍傷上下顎，導致後來無法流利說話，所以被取了「達達利亞」（Tartaglia，口吃的人）的綽號。順帶一提，前文的卡爾達諾也有口吃的情況。

十分努力的塔爾塔利亞

塔爾塔利亞生活在歐洲到處都在進行流派決鬥的時代（參考卡爾達諾的篇章）。在這樣的社會風氣下，雖然他從來沒接受過像樣的教育，卻靠自學導出三次方程式的根式解。

巨大投石機的復原模型。
出處：ChrisO

主要用於彈道計算的 ENIAC。

也因為自學的辛苦，大家認為他非常痛恨卡爾達諾不遵守保密約定。不過除此之外，塔爾塔利亞也有其他重大貢獻，「彈道學」就是其中之一。

彈道學的始祖？

一般認為彈道學是在大砲發明後才發展出來的學問（阿基米德的投石機也是大砲的原型），而20世紀的ENIAC就是為了計算彈道而開發出來的電腦。

但在當時，塔爾塔利亞似乎已經知道以仰角45度射出的砲彈飛行得最遠，並將這個理論傳給了弟子里奇（Ostilio Ricci，1540年～1603年），里奇再把這個理論傳給了伽利略。所以在某種意義上，伽利略的力學可說是師承塔爾塔利亞。

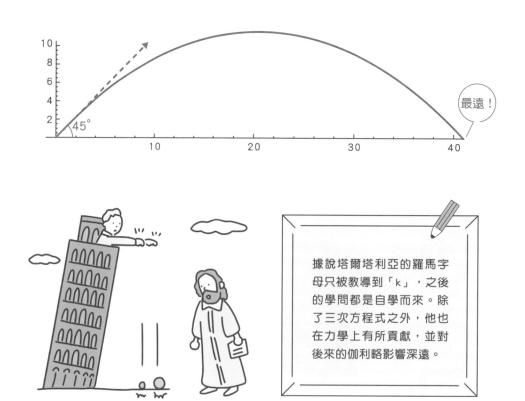

據說塔爾塔利亞的羅馬字母只被教導到「k」，之後的學問都是自學而來。除了三次方程式之外，他也在力學上有所貢獻，並對後來的伽利略影響深遠。

第 3 章

真的是偶然嗎？
深究機率的鬼才們

笛卡兒老師來了！

數學的舞臺
從義大利轉往法國

發明座標的笛卡兒

古希臘是數學第一個舞臺,後來數學重鎮經由亞歷山卓轉移至中東,又過了約700年,才經由費波那契與帕奇歐里的手回到義大利。在當時的義大利,塔爾塔利亞與卡爾達諾甚至曾為了方程式根式解而起爭執。不過在卡爾達諾死後,數學又從義大利半島轉移到了新的舞臺——法國。

緊接著登場的是笛卡兒(René Descartes,1596年～1650年)、帕斯卡、費馬、梅森(Marin Mersenne,1588年～1648年)等優秀的法國數學家。他們在數學領域中分別有哪些貢獻呢?

笛卡兒最大的貢獻是發明了串起幾何學與代數學的「座標」,像是用圓規與直尺畫出圖形,求出長度與面積,屬於「幾何學」研究;卡爾達諾等人熱衷於方程式的根式解,則屬於「代數學」研究。原本人們認為幾何學與代數學之間「一點共通點都沒有」,笛卡兒卻透過「座標」這個工具將兩者合而為一。

帕斯卡、費馬、梅森一字排開

帕斯卡和費馬則一起在「機率」這個新的數學領域中開闢天地。他們把過去只有賭徒在討論、被視為完全仰賴「偶然性」的機率,正式帶入數學的殿堂。

機率登場的背景,與美麗的純數學或高深的哲學理論無關,而是以帕斯卡酒肉朋友德美爾(Chevalier de Méré,1607年～1684年)對他的抱怨為契機。也就是說,機率的起點是「賭博時產生的疑惑」。而後在帕斯卡與費馬的書信討論,才催生出這門學問。費馬另外也貢獻了「費馬最終定理」。

　　梅森又如何呢？儘管在數學上有「梅森質數」這項貢獻，但他在數學史上的角色、存在意義不僅於此。當時歐洲以法國為中心的許多數學家，會透過「書信」蒐集資訊、交流想法，而梅森正是居中聯繫笛卡兒、帕斯卡、費馬等人的「聯絡人」。

　　如果用現代的說法來解釋，梅森可以說是「數學交流網」的負責人。比如笛卡兒是個搬家魔人，據說只有梅森知道笛卡兒又搬到了哪裡；終生在鄉村生活的費馬，也是透過梅森才有辦法與來自各方的數學家來往。

從義大利到法國

　　正因義大利就在羅馬教皇的腳下，歷史上以焦爾達諾・布魯諾（Giordano Bruno，1548年～1600年）被判處火刑為起點，宗教開始威脅到科學的發展，數學研究的自由氣息也漸漸消失。相較之下，法國波旁王朝在經濟面上透過商業累積財富，對外則執行領土擴張政策，迎來了君主專政的全盛時期。

　　從數學重鎮自義大利轉移到法國的過程來看，我們很難說「國勢與數學無關」。

笛卡兒

睡著時才是人生

讓代數與幾何結婚的男人

● 1596 年 3 月 31 日～ 1650 年 2 月 11 日

　　勒內．笛卡兒（René Descartes）是法國的哲學家、數學家。他的父親是從事法律相關工作的法國地方議員，笛卡兒也因此生長於一個富裕的家庭中。

　　笛卡兒在《談談方法》（Discours de la méthode）中提到「數學是極為精緻的邏輯推理工具」、「我非常喜歡數學，因為數學可以做出確實的論述與證明」，可見他對數學十分傾心。另外，笛卡兒發明了座標，成功結合了代數學與幾何學。

笛卡兒的名言

　　「我思，故我在」這句話出自 1637 年出版的《談談方法》。這句話的意思是：即使我們懷疑世界上所有事物、連自己的存在都懷疑是真是假的時候，唯有這個「正在懷疑的我」的存在不容質疑。笛卡兒相信，人們並非透過信仰獲得真理，而是透過理性尋求真理。這種思考方式讓笛卡兒被稱做「近代哲學之父」。

在我的年代，學術書籍基本上都是用拉丁語寫成，不過我的《談談方法》卻是以法語寫成。

晚起最棒了！

拉弗萊什

　　雖然笛卡兒對知識的好奇心很旺盛，但他從小就身體虛弱，因此一直有著晚起的習慣，而這段時間對笛卡兒來說是思考的泉源。於是在他8到10歲就讀拉弗萊什（La Flèche）王家學院時，校長便特別允許他「早上可以睡到想起來的時候再起來，不來教室也沒關係」。

　　此外，笛卡兒在拉弗萊什還遇見了一生的朋友梅森；後來笛卡兒與其他數學家通信時，也是透過梅森傳遞。

笛卡兒 Descartes

早上囉～

笛卡兒在神學校獲得了什麼？

睡到中午的習慣正是思考的泉源！

與一生的朋友梅森（數學家）相遇

笛卡兒　　　　　　　　　　梅森

成為劍術達人

　　從拉弗萊什王家學院畢業後，笛卡兒把時間投注在希臘數學（幾何學）上，身體也越來越強壯，於是他開始熱衷於擊劍。雖然後來移居巴黎時，笛卡兒曾沉浸在酒與賭博中，不過之後他也為了測試自己的擊劍能力而加入軍隊，還參與了波西米亞首都布拉格的攻防戰。某次他在街上偶然遇到過去的戀人，還成功以劍術擊敗這位前戀人其他的追求者，並留給對方一條生路。

我很強喔！

搬家魔人

日本江戶時代末期（約19世紀前半）的畫家葛飾北齋，一輩子曾搬過93次家，笛卡兒的搬家次數也不遑多讓，可以說是個搬家魔人。

從拉弗萊什畢業後，笛卡兒輾轉移居巴黎各處，退伍後因為討厭天主教佔優勢的法國而前往荷蘭，又因為到處打聽伽利略的審判結果而換了10次以上的住處（到處逃跑）。因為據說笛卡兒也在等待時機出版「以太陽為中心的行星運動」的相關書籍。

靠《談談方法》一舉成名

笛卡兒的《談談方法》否定了過去的權威意見，書中提到「找出真理的方法」在歐洲備受推崇；其中名言「我思，故我在」更可以說是笛卡兒在思想上的獨立宣言。

《談談方法》的封面

不過，陰影也在此時逐漸籠罩了頂著光環的笛卡兒。笛卡兒被人控訴為無神論者，並在相關審判中敗訴。在法國、荷蘭失去地位的笛卡兒，來到了他人生的最後一個居住地——瑞典。

「座標」來自天花板的蒼蠅！？

某一天，笛卡兒注意到天花板的蒼蠅，在思考該如何描述蒼蠅位置時，想到了「座標」的概念。雖然蒼蠅的故事大概是後人杜撰的，不過笛卡兒確實發明了僅用x軸、y軸兩軸就能表示位置的座標，為數學帶來了劃時代的「數學革命」。

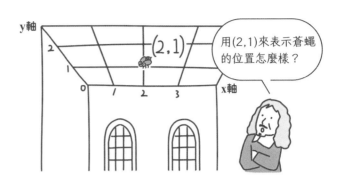

用(2,1)來表示蒼蠅的位置怎麼樣？

日本京都有許多東西向與南北向的街道貫穿市內，京都市民會用這種特徵來表示自家位置。舉例來說，祭祀著名陰陽師安倍晴明的晴明神社，位於南北向的堀川通，以及東西向的一條通交叉口附近，所以只要說「京都市上京區堀川一條」，就可以知道大致上的位置了。

而且因為神社位置在交叉口往北一些，所以可加註「往上」（上ル），以「京都市上京區堀川一條往上」指定出特定位置（若是往南一些，則可加註「往下」（下ル））。另外，往西或往東則分別加註「往西」（西入ル）、「往東」（東入ル），就像用座標的概念標示位置一樣。

笛卡兒 Descartes

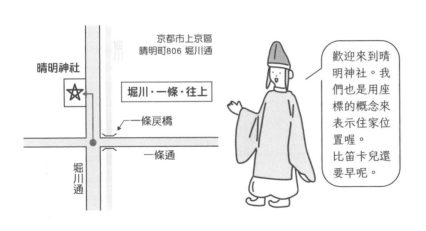

京都市上京區
晴明町806 堀川通

堀川・一條・往上

晴明神社

一條戻橋

一條通

堀川通

歡迎來到晴明神社。我們也是用座標的概念來表示住家位置喔。比笛卡兒還要早呢。

「座標」讓代數與幾何結婚！？

為什麼「座標的發明」是劃時代的事件呢？因為過去數學分成了處理圖形的「幾何學」，以及處理二次方程式、三次方程式的「代數學」，兩者被當成了不同的學問。

不過有了座標以後，我們可以在座標上畫出圓與直線（這是幾何學），並用數學式來表示它們（這是代數學），成功融合了兩個數學領域。這樣的學問就叫做「座標幾何學」或「解析幾何學」。

簡單來說，就是運用座標，以數學式描述圖形；或是以代數的計算來處理幾何學問題。譬如以下圖為例，半徑為r、圓心為原點O（讀做「歐」）的圓，在代數學上可表示成右下的式子：

我們可用一次方程式表示直線，用二次或三次方程式表示曲線，還可以運用積分輕鬆計算出曲線的面積。座標的誕生，可以說是促進數學大幅進步的原動力。

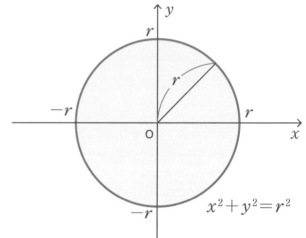

$$x^2 + y^2 = r^2$$

死亡的邀請函

會說多國語言，文學與藝術造詣都很深厚的瑞典女王克里斯蒂娜（Kristina，1626年～1689年）相當仰慕歐陸哲學家笛卡兒。她從1641年起，就三度邀請笛卡兒到瑞典做她的家庭老師，但笛卡兒都鄭重拒絕了。最後克里斯蒂娜只好派出軍艦去迎接笛卡兒，這下笛卡兒再怎麼樣也無法拒絕（如果是馬車的話就會拒絕了嗎？），只得接受女王的邀請。但笛卡兒沒有想到，這次旅程會要了他的命。

前方左邊為克里斯蒂娜，右邊為笛卡兒。

早上5點開始的寒冷課程

1649年10月，笛卡兒成為了克里斯蒂娜的家庭老師。隔年1月起，克里斯蒂娜更要求笛卡兒在每天早上5點到6點上課。這對於要睡到11點才爬得起來的笛卡兒來說實在相當辛苦，再加上他始終無法適應瑞典的寒冬，於是很快就在隔月的2月11日去世了。

 專欄 **3**

女扮男裝的克里斯蒂娜女王

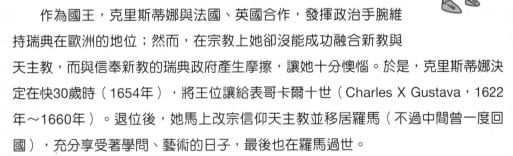

克里斯蒂娜擁有深色毛髮、聲音低沉，有時會被誤認成男性；加上她的母親十分期盼能生下一名王子，所以克里斯蒂娜從小就被當成王子養育。也因此，克里斯蒂娜學習了劍術與騎馬，對人偶與華麗服飾則不感興趣。在父親死後，5歲的克里斯蒂娜即位（在位時間1632年～1654年）後，還曾有過女扮男裝的時期。

作為國王，克里斯蒂娜與法國、英國合作，發揮政治手腕維持瑞典在歐洲的地位；然而，在宗教上她卻沒能成功融合新教與天主教，而與信奉新教的瑞典政府產生摩擦，讓她十分懊惱。於是，克里斯蒂娜決定在快30歲時（1654年），將王位讓給表哥卡爾十世（Charles X Gustava，1622年～1660年）。退位後，她馬上改宗信仰天主教並移居羅馬（不過中間曾一度回國），充分享受著學問、藝術的日子，最後也在羅馬過世。

雖然歷史沒有「如果」，但如果在克里斯蒂娜退位來到溫暖的羅馬後，才把笛卡兒找來當家庭老師、在午後上課，或許笛卡兒可以度過更長的人生，讓我們看到不同的故事吧。

笛卡兒 Descartes

帕斯卡

討厭笛卡兒的神童？

與德美爾討論賭局時開始研究機率

● 1623年6月19日～1662年8月19日

布萊茲・帕斯卡（Blaise Pascal）是法國哲學家、數學家、基督教神學家，主要的著作為死後由他人整理的《思想錄》（Pensées）。他的父親是徵稅行政官，並與妹妹傑奎琳（Jacqueline Pascal，1625年～1661年，詩人、修女）感情很要好；姊姊吉爾伯特（Gilberte Pascal，1620年～1687年）則曾描述帕斯卡是一名神童。

帕斯卡的成就衍生出許多詞彙，例如帕斯卡定律（物理）、帕斯卡三角形（數學）、帕斯卡的賭注、5索爾的馬車（Carrosses à cinq sols）等。

猜名字問答 帕斯卡曾在著作中用過Salomon de Tultie、Lous de Montalte、Amos Detonville等筆名，這些人被認為是同一個人物，你知道為什麼嗎？（答案在第74頁）

《思想錄》中的話

「自然界中，人類只是一根屏弱的蘆葦，卻是一根會思考的蘆葦」，意思是「人類因為會思考而偉大」。

「如果埃及豔后的鼻子短一些，或許世界歷史就會改變了」，意思是「小事會決定大事」。

孩子啊，好好思考吧。因為只有人類才能「思考」啊。

思考！

神童

帕斯卡小時候就發揮了神童的本領。在他10歲時，就證明出數學家泰利斯曾證明過的「三角形的內角和為180度」。

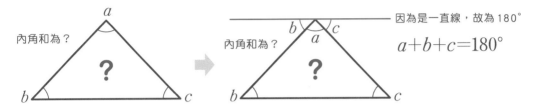

內角和為？

？

內角和為？

？

因為是一直線，故為180°

$$a+b+c=180°$$

另外他也發現可以這樣計算以下數列的總和。

$$1+2+3+\cdots\cdots+n=\frac{n(n+1)}{2}$$

與帕斯卡同樣被稱做神童的高斯（Carl Friedrich Gauss，1777年～1855年，參考第120頁），在小學時也成功求出這個數列的解（關於數列的故事，在「高斯」篇章中有直觀的證明）。

高斯小弟啊，你我都被叫做神童，不過你在150年後才注意到這件事喔。

前輩！雖然是這樣沒錯，不過我是小學低年級的時候就想到囉。

帕斯卡 Pascal

帕斯卡的數學老師

說到帕斯卡，人們常會因為他那句「人類只是會思考的蘆葦」而聯想起哲學家的形象。但除了哲學，帕斯卡也是為厲害的「數學家」。帕斯卡在年僅16歲（1640年）時，就發表了《試論圓錐曲線》（Essay pour les coniques）。據說這是因為相當於帕斯卡數學老師的笛沙格（Girard Desargues，1591年～1661年）在西元1639年發表的論文，給了少年帕斯卡很大的刺激，才讓他執筆寫下這篇論文。

笛沙格的研究與非歐幾何學等新穎的數學概念有關，只有帕斯卡、笛卡兒（參考第64頁）、費馬（參考第76頁）等少數人才能理解。

帕斯卡三角形

展開$(a+b)^2$後可以得到$a^2+2ab+b^2$，這條算式的係數（a或b前面乘上的數）為1, 2, 1；而展開$(a+b)^3$後可以得到$a^3+3a^2b+3ab^2+b^3$，係數則為1, 3, 3, 1。那麼$(a+b)^4$展開後係數是多少呢？$(a+b)^5$展開後係數又是多少呢？

$(a+b)^n$這種形式的式子，稱做「a與b的二項式」，展開過程稱做二項式展開，其係數如右圖中的三角形。

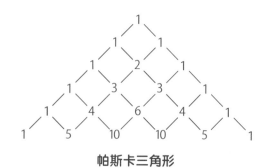

帕斯卡三角形

帕斯卡在1655年發表的《算術三角形論文》（Traité du triangle arithmétique）中提到了這個三角形，後人便稱其為「帕斯卡三角形」。不過在此之前，已有不少人知道這種三角形的存在。

10世紀印度的大力摩羅（Halayudha）、11世紀中國的賈憲、13世紀的楊輝皆稱自己發現了這個三角形，後來伊朗稱其為「海亞姆三角形」（Omar Khayyam's triangle），義大利則稱其為「塔爾塔利亞三角形」（Tartaglia's triangle）。可見流傳至後世的名字，不一定是第一個發現這種三角形的人的名字。

中國版帕斯卡三角形

是我先發現這個三角形的。

其實是我們想到的。

是後人自行加上我的名字而已，我不負責喔。

機率源自賭博！

1652年的某日，帕斯卡的朋友德美爾找他討論兩件事。其中一件事如下：

「假設A與B分別出相同賭資，並用遊戲賭博，先獲得3勝的一方是贏家，可以拿走所有賭資。但當A獲2勝、B獲1勝時，遊戲被迫中斷。如果要將賭資發還給兩人，那麼該怎麼分配這些賭資才公平呢？」

帕斯卡也和朋友費馬討論了這件事。

假設A、B兩人實力相當，那麼下一場遊戲中，A獲勝的機率為1/2，此時A獲3勝1敗，

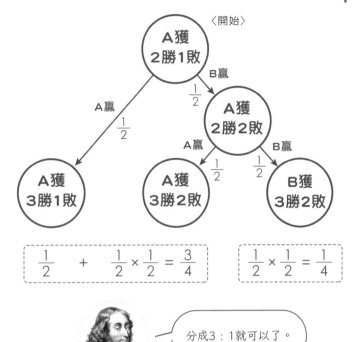

帕斯卡 Pascal

分成3：1就可以了。

成為贏家。如果下一場遊戲中B獲勝，那麼兩人皆為2勝2敗，進入最後一場遊戲。最後一場比賽中，A與B獲勝的機率都是1/2。由上圖可以看出，A是最後贏家的機率為3/4，B是最後贏家的機率為1/4。所以把賭資以「3：1」的比例發還給A、B二人應最妥當。

在德美爾提出的問題中，帕斯卡與費馬合理判斷「下次遊戲中兩人獲勝的機率都是1/2」，「機率」的概念就此誕生。

從「賭博」中誕生的機率

帕斯卡討厭笛卡兒的原因？

同樣身在法國的帕斯卡與笛卡兒，幾乎活躍於同一個時期（只是笛卡兒年長了27歲），不過帕斯卡在年少時，就曾在《思想錄》中提過「我無法原諒笛卡兒」這樣的話。這是為什麼呢？因為笛卡兒是理性主義者，也常被視為無神論者；帕斯卡則是虔誠的基督教擁護者。兩人對宗教的看法大相逕庭。

另外，從21世紀的現代觀點看來，笛卡兒十分重視證據，強調「任何事都有因果關係」；帕斯卡則認為「並非所有事物都有因果關係，而是會被偶然影響」。兩人可以説是水火不容。

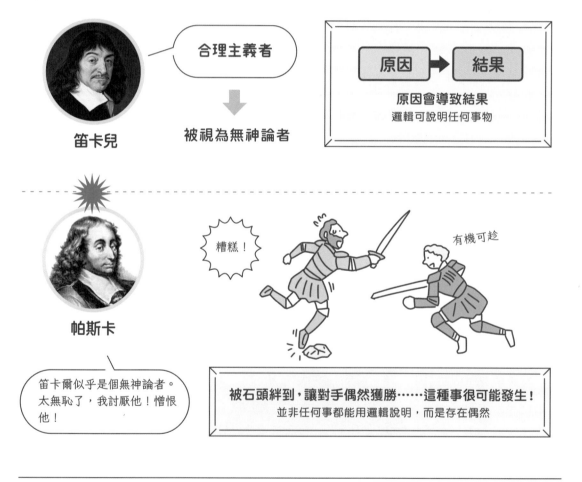

合理主義者

原因 ➡ 結果

原因會導致結果
邏輯可說明任何事物

笛卡兒　　　被視為無神論者

糟糕！

有機可趁

帕斯卡

笛卡爾似乎是個無神論者。太無恥了，我討厭他！憎恨他！

被石頭絆到，讓對手偶然獲勝……這種事很可能發生！
並非任何事都能用邏輯說明，而是存在偶然

第70頁問題的答案。將三人的名字拆開，可以得到幾乎相同的字母——當然，都是指帕斯卡。

《思想錄》記錄了帕斯卡的真心話？

《思想錄》中有不少「人類只是會思考的蘆葦」、「如果埃及豔后的鼻子短一些，或許世界歷史就會改變了」等含蓄的句子。當許多人一聽到這本書的出版時間是在1670年，會大吃一驚「咦？帕斯卡不是在1662年就死了嗎」。

會這麼想也不奇怪。事實上，《思想錄》是後人整理了帕斯卡生前留下來的草稿，以及他片段的記述後編寫而成。所以這是本由許多片段文字強行組合起來的作品，也是為什麼《思想錄》難以閱讀的原因之一。

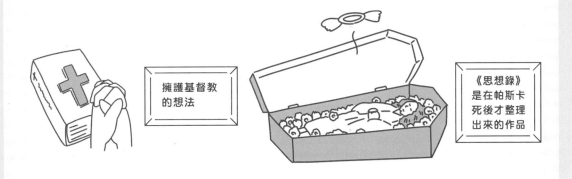

擁護基督教的想法

《思想錄》是在帕斯卡死後才整理出來的作品

第二個難閱讀的原因則在於，這本書的立場是日本人不大熟悉的「基督教擁護行動」（攻擊、批判其他宗教，只擁護基督教）。

不過，以這種形式出版的《思想錄》也有優點。如果是照著原定計畫，由帕斯卡親自編寫出版，說不定會捨棄掉「會思考的蘆葦」、「埃及豔后的鼻子」這種有些脫線的人生格言。畢竟《思想錄》的原名為《帕斯卡對宗教與其他數個問題的多方研究》（Pensées de M. Pascal sur la religion, et sur quelques autres sujets），主題應該是基督教的擁護行動。

書名後半的「其他……多方研究」，指的是帕斯卡針對突然浮現在腦海中的各種人生問題提出的處方箋。《思想錄》的編輯覺得這些文字很有趣，就把它們都留了下來，今日的我們也才可以看到這些有趣的文字。若非如此，恐怕「我絕不原諒笛卡兒」之類的帕斯卡真正心聲，就不會流傳到後世了。

費馬

「這裡的空白太小，寫不下我的證明！」

● 1607年10月31日到12月6日～1665年1月12日

出生於法國博蒙德洛馬涅（Beaumont-de-Lomagne）皮埃爾‧德‧費馬（Pierre de Fermat），被稱做世界上最厲害的業餘數學家。他擔任過請願委員，後來成為終生議員兼任法官。

費馬有個「想到某個定理後，常常不會自己證明，而是交給其他數學家證明」的習慣，雖然後來大部分定理都被證明出來了，但還有一個意義簡單到國中生都看得懂的「費馬最後定理」，卻⋯⋯

生平

　　費馬的父親是富有的皮革商人，能供應費馬進入土魯斯大學就讀。費馬在1631年與媽媽的表妹結婚，育有3個兒子與2個女兒，度過了安穩的人生。

　　曾有很長一段時間，人們一直以為費馬的出生年分，就是他的基碑銘上寫的「1601年」。不過到了2001年，發現那其實是早夭的哥哥皮耶（Piere，比起費馬的名字Pierre，少了一個r）的出生年分，於是費馬的出生年被訂正成了1607年；出生日期則是至今還不確定。

日常的工作是公務員

　　儘管費馬被稱做「業餘數學家之王」，但那畢竟是個「難以靠數學吃飯」的年代，於是他以成為公務員為職涯目標。1631年，費馬被任命為土魯斯的請願委員，接著被選為終生議員，還兼任法官。據說他忙到沒時間與英國來的數學家見面。

　　請願委員的工作是將土魯斯人民的聲音、期望轉達給國王，並將國王的指令傳給民眾，作為連結首都巴黎與地方的傳聲筒。另外費馬在擔任法官時，也曾經判某位僧侶有罪並處以火刑。

西元1652年因鼠疫而死亡？

　　當時經絲路傳來的鼠疫（黑死病）席捲法國。費馬的上司陸續因鼠疫而倒下，最後連因職位陸續開缺而步步高升的費馬，也在1652年罹患鼠疫，還曾傳出「已死亡」的誤報。那時還是個不曉得鼠疫桿菌存在、盛行狩獵魔女的年代。鼠疫桿菌要直到1894年，才由耶爾森（Alexandre Emile Jean Yersin，1863年～1943年）、北里柴三郎（1853年～1931年）發現。

「數學時間」是讓自己不顯眼的生存戰略

　　恐怖的不只是鼠疫，最可怕的是人。一如後來的法國革命時期（1789年～1799年），數學家們紛紛被捲入政治事件而影響人生一樣。當時被實質宰相黎塞留（Cardinal Richelieu，1585年～1642年）盯上的地方公務員，也可能會有人身危險。而

費馬 Fermat

費馬明哲保身的方法就是把多餘的時間拿來研究感興趣的數學，讓自己成為一個不顯眼的人物。費馬也由此走向了「業餘數學之王」的路。

　　費馬的數學貢獻大致上有3項。第一項是與帕斯卡交換意見後提出的「機率論」，第二項是「微分的微分係數」（比牛頓還早），第三項則是讓他的名字永遠流傳後世的「數論」世界。

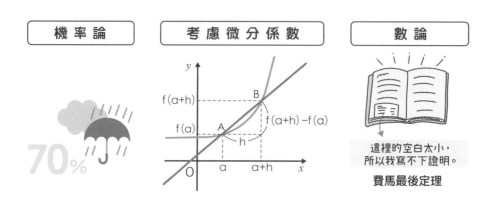

討厭證明的費馬

　　費馬有個讓人困擾的癖好：發現了某個數學定理後，幾乎不會親自去證明它。其中一個原因是因為，要寫出完美的證明得花費相當多時間，而費馬討厭把時間花在證明上。費馬認為，與其把時間花在寫證明，不如思考新的定理還比較值得；而且要是發表證明，就會有其他學者開始吹毛求疵，應付這些事也讓他覺得很麻煩。

　　另外，費馬還會把自己想到的定理告訴其他數學家，用挑釁的口吻問他們「你證明得出來嗎」。雖然梅森不以為意的「寫出證明」，不過笛卡兒等人則被惹怒大罵「這個騙子」。

這裡的空白太小，所以我寫不下證明！

如此討厭證明的費馬，閱讀丟番圖在3世紀寫下的《算術》時，於空白處寫下了「這裡的空白太小，所以我寫不下證明」這段話。

費馬指的證明是「當n≥3為整數時，滿足$x^n+y^n=z^n$的自然數組不存在」這個定理的猜想。這個定理也因此被人稱為「費馬最後定理」。

當n為3以上整數時，

$$x^n + y^n = z^n$$

滿足以下方程式的自然數 x、y、z 不存在。

（左）費馬最後定理。
（右）寫有「這裡的空白太小，所以我寫不下證明」字樣的丟番圖《算術》。

1670年時，費馬的兒子山謬（Clément-Samuel Fermat，1634年～1697年）出版了有費馬註解的《算術》。

費馬 Fermat

費馬最後定理的意思

費馬猜想過的定理幾乎都被後世數學家成功證明出來了，所以一般都認為「這個定理應該也能證明出來吧」。費馬最後定理本身的意思相當簡單，譬如當n=1時，只要將長度為z的線段分割成x,y，就可以得到x+y=z成立。我們可以隨意滑動x與y的交界處，故x,y,z有無限多種組合。n=2時相當於畢氏定理。

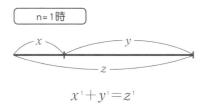

n=1時

$$x^1+y^1=z^1$$

（例）譬如$x=1,y=2,z=3$，有無數個解。

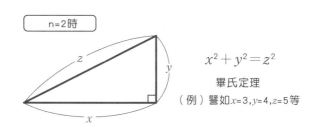

n=2時

$$x^2+y^2=z^2$$

畢氏定理

（例）譬如$x=3,y=4,z=5$等

而費馬最後定理指出，當n大於等於3時，滿足方程式$x^n+y^n=z^n$的整數組合不存在。這個猜想直到350年後的1995年，才由美國的懷爾斯（Andrew Wiles，1953年至今）成功證明。然而因為懷爾斯的證明過程是「許多定理疊加後的結果」，因此人們認為而在費馬的時代不可能寫出這樣的證明，或許費馬只是有這個直覺而已吧？

梅森是 17 世紀的溝通橋梁

梅森是以「梅森質數」留名後世的法國數學家。不過比起數學家，他所扮演的角色更像是

與各個數學家保持聯繫的17世紀數學交流網中心

在21世紀的今日，日本有所謂的「科學交流者」。他們主要是理組研究所畢業的人，會在科學館之類的地方向一般人或小孩子，深入淺出說明展示品的科學相關內容，也就是連接「最先進科學」與「一般人」之間的「橋梁」。

梅森則是數學家與數學家之間的橋梁。17世紀時，法國的數學家主要聚集在巴黎，但巴黎數學界貫徹的祕密主義卻大大阻礙了數學家彼此間的交流。其中一個原因就是在這之前，義大利的塔爾塔利亞（參考第59頁）與卡爾達諾（參考第55頁）曾經約好「不要公開」三次方程式的根式解，但卡爾達諾卻破壞約定，在著作《大術》中發表了公式，對數學界的信任造成了很大的傷害。

不過梅森認為「不應奉行祕密主義，而是要積極交換意見、定期聚會、保持開放性，才能成為數學發展的原動力」。於是他積極與數學家們交換信件，就連費馬這種不曾離開過鄉村的業餘數學家，梅森也和他交流、鼓勵他發表研究結果。

不過，梅森也曾經在未經對方許可的情況下公開來往信件（例如公開笛卡兒的信件，內容包含對教會的挑釁），所以偶爾會受到其他數學家的批評。在他死後，後人在他的房間內發現了78名數學家的書信。梅森便是以這種方式，在那個時代推動著數學前進。

第 **4** 章

微積分的時代

謝啦！

宇宙依照數學式運轉！

伽利略的力學

進入16世紀後，伽利略（Galileo Galilei，1564年～1642年）、哥白尼（Nicolaus Copernicus，1473年～1543年）、克卜勒（Johannes Kepler，1571年～1630年）相繼登場，除了在天文學上有重大發現之外，也相繼為後來的數學發展添上重要的一筆。

落地速度相同。

亞里斯多德

伽利略

伽利略用自製望遠鏡發現木星周圍有許多衛星環繞（總共發現了4個衛星），就像地球的衛星月球一樣。

另外，伽利略也曾在比薩斜塔執行落體實驗（也有人說實驗內容實際上應該是像右圖一般，讓兩顆球在斜坡上滾落），得到結果後痛罵亞里斯多德「居然說兩倍重的石頭落到地面時，重量為其一半的石頭只掉落到中間，簡直太荒唐了」；同時他也發現「物體掉落的速度，與掉落所經的時間成正比」。

克卜勒登場

克卜勒藉由大量資料，說明行星特殊運動的原因並非像占星術所說，而是遵從著自然界的規則（數學式）。克卜勒曾在第谷（Tycho Brahe，1546年～1601年）的天文臺協助星象觀測，也因此在第谷死後，克卜勒才有權限能運用第谷留下來的龐大資料。

在諸多天體中，克卜勒特別關心火星。提倡日心說的哥白尼認為，因為圓是完美的形狀，所以行星公轉是「圓周運動」。不過，第谷留下的觀測資料卻顯示，火星公轉並不是圓周運動，而是沿著橢圓軌道公轉。克卜勒從中得到啟發並推導出的第一定律，也因此稱為「橢圓定律」。

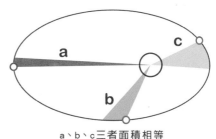

克卜勒第二定律
（等面積定律）

a、b、c三者面積相等

$$\frac{p^2}{a^3} = \text{常數（第三定律）}$$

　　第二定律又被稱做「等面積定律」，說明行星離太陽距離越近時，行星公轉的速度越快；距離太陽越遠時，公轉速度越慢。說得更精確一點就是「太陽與行星連線在固定時間內會掃過相同的面積」，所以右圖中的a、b、c扇形面積皆相等。第三定律（週期定律）則認為「行星公轉週期p的平方，與軌道長軸a的三次方成正比」。

　　就這樣，克卜勒以第谷留下的資料為本，經過長年的計算後成功推論出行星的運動的規則，說明行星的運動絕不神祕，而是像第三定律一樣，「自然界的運動會遵從數學式」。

誰接下了棒子？

　　雖然伽利略開創了與運動相關的「力學」起點，並由此衍生出了速度、加速度等概念，但究竟該怎麼求出速度、加速度呢？另外，克卜勒所提出的3個彼此看似無關的宇宙定律，卻在17世紀合而為一，這又是怎麼回事？

　　伽利略與克卜勒出生於16世紀，儘管他們說明了宇宙中的運動，卻無法用數學式表示它們，也不曉得該用哪個數學工具來說明。而最後解開了這個謎的數學工具，正是「微積分」。

　　接下棒子的是英國的牛頓，以及德國的萊布尼茲。牛頓、萊布尼茲，以及其他人是如何建構微積分這項工具？他們又是如何在17至18世紀脫穎而出的呢？

牛頓

催生出微積分的數學巨人

● 1643年1月4日～1727年3月31日

艾薩克・牛頓（Sir Isaac Newton）出生於英國東海岸的伍爾索普（Woolsthorpe），是數學家、自然哲學家、物理學家，也是萬有引力的發現者，並由克卜勒發現的行星運動規則，推論出「萬有引力定律」，更在推論過程中想出了「微積分」方法。我們常會聽到「在伽利略去世的那一年（格里曆1642年），牛頓剛好出生」的說法，但當時英國用的曆法是儒略曆，換算成格里曆的話，牛頓的生日為1643年1月4日，與伽利略去世的年份並不相同。

不幸的童年

在牛頓出生前，從事農場主人的父親就已經過世，而牛頓自己也是早產兒，所以大家都認為他「大概活不久」。在牛頓3歲時，母親漢娜（Hannah Ayscough，1623年～1679年）與史密斯（Barnabas Smith，1582年～1653年）再婚，並把牛頓交給外祖母照顧。牛頓對於母親再婚十分憤怒，也與母親再婚對象史密斯合不來，還曾經對母親怒罵「我要放火燒了你們家」。

我要放火燒了你們家！

因打架獲勝而有了自信！

　　牛頓的親戚注意到他在學業上很有才華，於是讓他就讀屬於文法學校（等同今日的中學）的國王學校（The King's School）。原本在學校身型瘦小的牛頓常被欺負，直到後來有一天他打贏了欺負他的小孩，才又重拾了自信。

　　在這個時期，牛頓寄宿在藥劑師親戚克拉克（William Clarke，1609年～1682年）家。克拉克家中豐富的藥學藏書，讓牛頓對藥學產生了興趣；另外他也喜歡在閒暇時，把玩機械或是製作日晷等工具。不過，老師對牛頓的評語卻是「缺乏集中力的懶人」。

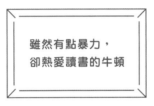

雖然有點暴力，卻熱愛讀書的牛頓

在打架中獲勝的牛頓

沉迷於化學書的牛頓

牛頓
Newton

就讀劍橋大學三一學院

　　繼父史密斯死亡後，母親漢娜讓牛頓從文法學校退學，不過牛頓還是會去克拉克家閱讀化學與藥學書籍。到了1661年，他的叔叔成功說服漢娜讓牛頓就讀劍橋大學，於是牛頓順利以獎學金學生的身分進入了劍橋大學。三一學院讓牛頓以協助配膳與講師工作來折抵學費，據說牛頓也因此與其他學生處得不好。

1690年左右的三一學院（劍橋）。

接觸數學其實是個意外？

　　為什麼牛頓會接觸數學，至今仍無定論。有人說牛頓入學後買了占星術的書籍，但看不懂書中的數學內容（三角計算等），於是覺得應該要學習幾何學，並開始接觸歐幾里得的《幾何原本》。但《幾何原本》的內容對牛頓來說過於簡單，於是之後他也開始閱讀笛卡兒的《幾何學》與沃利斯（John Wallis，1616年～1703年）的《代數學》。

我是摩羯座喔。

　　像牛頓這樣被譽為科學界最高峰之一的人，居然會去閱讀占星術書籍，可能會讓人覺得有點奇怪。但事實上在17世紀，「占星術與鍊金術」、「天文學與科學」之間的界線並沒有那麼涇渭分明。

與老師巴羅相遇

　　1663年，艾薩克・巴羅（Isaac Barrow，1630年～1677年）就任劍橋大學的第一任盧卡斯數學教授席位（Lucasian Chair of Mathematics）。巴羅以幾何學方式證明了微分與積分為「逆演算」的關係（微積分基本定理），這對牛頓產生了很大的影響。1664年，牛頓也在巴羅的同意下成為三一學院的學者（scholar），可以專心在研究上。

鼠疫的那兩年

　　1665年，黑死病（鼠疫）席捲倫敦，造成10萬人死亡。劍橋大學也因此在1665年至1666年停課，於是牛頓回到了故鄉伍爾索普。

　　在牛頓的時代，醫生為了避免直接接觸患者，診療時會戴上鳥喙般的面具。至於黑死病的元兇——鼠疫桿菌，則要到200多年以後的1894年，才會被北里柴三郎等人發現。

帶著鳥喙面具的瘟疫醫生。

驚奇的兩年

　　但塞翁失馬，焉知非福。躲避鼠疫的這兩年，可以說是牛頓人生最大的轉機。多虧了獎學金的幫助，讓他得以埋頭在數學、物理學的研究中，不受雜事干擾。舉凡微積分、萬有引力、光學等偉大貢獻，都是牛頓在這兩年內構想出來的。儘管在這兩年間，牛頓的這些研究成果還沒發表出來，後世仍稱這兩年是「驚奇的兩年」。

牛頓
Newton

為什麼蘋果不是往旁邊或往上飛，而是往下掉呢？

據說牛頓看到蘋果從蘋果樹上掉下來後，想到了萬有引力。而在300年後的西元1964年，這棵蘋果樹經嫁接後移植到了曾在江戶時代作為療養所的小石川植物園，並存活至今；一旁還有孟德爾實驗時使用的葡萄分株。

牛頓蘋果樹的分株。
（東京都文京區白山的小石川植物園／作者攝影）

邁向人生頂峰

回到劍橋大學後，巴羅教授也認同牛頓的研究成果。在1669年，牛頓接任第二任盧卡斯數學教授席位，更在1672年被選為王家學會的會員。

對於牛頓而言，這可以說是人生頂峰……但人生也沒那麼簡單。

謝啦♥

盧卡斯數學教授席位、王家學會會員！太棒了！多虧了這顆蘋果！

可以預測行星的運動，卻無法預測人們的瘋狂

俗話說盛極必衰。當時英國的股票市場正逢爆炸式發展，1720年英國政府售出南海公司的股票，吸引許多人購買導致股價暴漲；除了南海公司之外，其他沒有實際業務的泡沫公司也陸續成立，股價也同樣急速上升。

不過，同年年末泡沫破裂，這些公司的股價驟跌至原本的1/10，使得許多人身無分文，陸續出現自殺與破產的浪潮——牛頓也不例外。牛頓在當年損失了約2萬英鎊，以今日（2023年6月）的物價來看，牛頓損失了約1億2000萬新臺幣。有句話說「我們難以預測人們瘋狂的行為」，但牛頓究竟是沒看清自己的欲望，還是沒能預測到泡沫破裂呢？

「泡沫」一詞源自泡沫公司（bubble company）

我可以預測行星的運動，卻無法預測人們的瘋狂！

英國政府以此為契機建立了會計師執照與會計監察的制度。

被拿來當成盾牌的「盧卡斯數學教授席位」？

斯——
斯——

如果違背盧卡斯的遺言，就會墮入黑暗喔！

1663年，劍橋大學三一學院設立的「盧卡斯數學教授席位」，源自於英國眾議院中出身劍橋大學選區的議員亨利‧盧卡斯（Henry Lucas，1610年～1663年）。他在遺囑中捐贈資金創立了這個榮譽席位，也在隔年一月獲得國王查理二世（Charles II，1630～1685年）的正式承認。

不過盧卡斯的遺囑中附帶了一個「條件」，那就是「接受席位的教授在就職期間不得參加任何教會活動」。首位「盧卡斯教授」巴羅本身除了是一位數學家，也是一名虔誠的聖職者，不過他在擔任了6年的盧卡斯教授後，就於1669將這個職位讓給了牛頓。除了認可牛頓的能力之外，也是因為希望自己能早點成為一位完全的聖職者。

牛頓的情況與巴羅剛好相反。當時劍橋的教職有擔任高級聖職者的義務，但牛頓以盧卡斯的遺言為由，拒絕接受聖職，而後來國王也特許了這一點。

雖然牛頓拒絕敘階聖職，但他並不是一位無神論者。相反的，一般人大概只知道牛頓是數學家、物理學家，但這些只是牛頓的其中一個面向。牛頓死後，留下的藏書約有1600冊，其中與數學、物理學有關的藏書只占了16%，但與神學有關的藏書則高達兩倍，佔了32%。也就是說，他對神學的興趣還比較高（而且隨著年紀漸增，這樣的傾向越明顯）。

但牛頓信仰的是所謂的「一位論」（unitarianism）宗派，或許是這個原因，讓他不想成為不同宗派的英國國教高級聖職者。如果就任盧卡斯教授，就可以「合法拒絕」英國國教的義務了。因此有人懷疑牛頓是為了不想接受聖職，才出任了盧卡斯教授職位。

順帶一提，第十一任盧卡斯教授為巴貝奇（Charles Babbage，1791年～1871年）、第十五任為狄拉克（Paul Dirac，1902年～1984年）、第十七任則是霍金（Stephen Hawking，1942年～2018年）。

微積分發明者爭奪戰（牛頓方的看法）

牛頓討厭公開自己的發現，但原因和畢達哥拉斯派的祕密主義不同，只是他和費馬一樣，單純討厭被人批評而已。不過，當德國數學家萊布尼茲在1684年發表了微分、1686年發表了積分的概念後，牛頓覺得自己的想法被盜用而盛怒；此時英國其他學者也開始批評萊布尼茲，於是萊布尼茲要求英國王家學會做出仲裁。當時王家學會雖然做出對牛頓有利的判決，事後卻被人發現判決文件根本就是由當事人牛頓自己操刀。微積分的發明人之爭持續了好一陣子，目前則被視為各自獨立發現，暫告一段落。

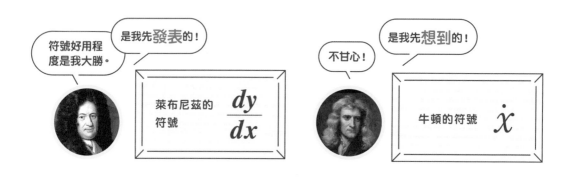

不過，這場爭論卻導致英國數學的衰退。由於對歐陸的抗拒心態，英國數學家無視萊布尼茲發明的符號比較優秀的事實，仍固執的使用牛頓發明的符號，也持續無視歐陸的數學研究，最終使英國數學逐漸落後。

$\dfrac{dy}{dx}$ $\dfrac{d^2x}{dt^2}$	**萊布尼茲的微分符號** 可以清楚表示「對哪個函數的哪個變數微分」。如果要表示多次（階）微分，只要改變幾個數字就可以了。常用於各個領域。

$\dot{x}$ $\ddot{x}$	**牛頓的微分符號** 沒有指定要對哪個變數微分。因為是用點來表示微分幾次，所以要微分多次（階）時，表示起來就很不方便。常用於表示速度、加速度。

《自然哲學的數學原理》誕生！

　　牛頓的朋友哈雷（Edmond Halley，1656年～1742年）曾問牛頓「行星間的作用力該如何表示呢」、「行星公轉的曲線是什麼樣子呢」，牛頓立刻回答「與距離平方成反比」、「是橢圓」。

　　看著十分驚訝的哈雷，牛頓又告訴他「我早就證明過了」、「只是還沒發表」，這讓哈雷又更驚訝了。於是哈雷強烈建議「應該要趕快發表才對」，牛頓這才開始整理研究成果。牛頓在一番整理後出版的書籍，就是他在1867年的代表作《自然哲學的數學原理》（Principia，Philosophiæ Naturalis Principia Mathematica）。

PHILOSOPHIÆ
NATURALIS
PRINCIPIA
MATHEMATICA.

Autore *JS. NEWTON*, *Trin. Coll. Cantab. Soc.* Matheseos
Professore *Lucasiano*, & Societatis Regalis Sodali.

IMPRIMATUR.
S. PEPYS, *Reg. Soc.* PRÆSES.
Julii 5. 1686.

LONDINI,
Jussu *Societatis Regiæ* ac Typis *Josephi Streater*. Prostat apud
plures Bibliopolas. *Anno* MDCLXXXVII.

《自然哲學的數學原理》

牛頓
Newton

　　不過這本書的出版過程並不順利。原先王家學會說好要提供出版資金，後來卻因為在其他書籍上花太多錢而失信，於是最後牛頓只好自掏腰包才順利出版。

　　牛頓在《自然哲學的數學原理》中，用微積分說明行星是因重力而繞著太陽公轉。

哈雷則在1705年，運用牛頓的重力定律計算彗星軌道，預言克卜勒在1607年觀測到的彗星，將於1758年再次接近地球，這顆彗星也在後來被命名為「哈雷彗星」。哈雷彗星上次造訪地球是在1986年到1987年之間，下次造訪時間則預計在2061年。

1986年造訪地球的哈雷彗星。

最後一位鍊金術師和最後一位蘇美人

● 從自然哲學家到「科學家」

　　「科學家」是19世紀後才出現的詞。過去人們會把研究自然現象的學問稱做「自然哲學」，相關研究者則稱做「自然哲學家」，牛頓的《自然哲學的數學原理》就是一例。到了1834年，惠威爾（William Whewell，1704年～1866年）創造了「科學家」（scientist）這個詞彙，人們才開始逐漸採用。

　　所以，雖說牛頓在近代擁有頂尖「科學家」的榮譽，但這個榮譽卻是到了20世紀才加在牛頓頭上。

● 凱因斯斷定牛頓是「最後的鍊金術師、最後一位蘇美人」！

　　牛頓終生未婚，他的遺稿長期由親屬保管，後來則贈予劍橋大學，由20世紀的頂尖經濟學家凱因斯（John Maynard Keynes，1883～1946年）整理。

　　凱因斯曾說過：「我閱讀過那個箱子內將近10萬字的龐大文書後，可以毫無疑問的說『牛頓並不是理性時代的第一人，而是最後一位魔法師、最後一位巴比倫人與蘇美人，也是最後一位像幾千年前為我們的智慧結晶奠立基礎的先人那樣，俯瞰可見世界和思想世界的偉人』。」

Leibniz

Leibniz

運氣差的萬能天才

萊布尼茲

精通多個領域的鬼才

● 1646 年 7 月 1 日～ 1716 年 11 月 14 日

　　戈特弗里德・萊布尼茲（Gottfried Leibniz）是德國數學家、哲學家、外交官。歷史上有許多人「是數學家，也是哲學家」，但只有萊布尼茲同時也是「外交官」。萊布尼茲不僅在許多領域留下著作，更與牛頓同為微積分的創始者——「微積分基本定理」就是由萊布尼茲所奠定。此外，他提出了優秀的微積分符號，也製作出了可進行四則運算的計算機，可以說是個萬能天才。

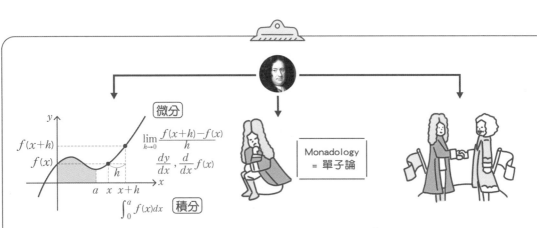

❶在數學領域相當活躍
微積分基本定理、微積分符號。

❷在哲學領域也很活躍
主要著作包括《單子論》、《形上學論》、《人類理智新論》、《神義論》等。

❸身為政治家、外交官的活動
努力避免法國的太陽王路易十四（Louis XIV，西元 1638 年～西元 1715 年）把目光轉向德國。

人生起點就遭遇不幸

　　萊布尼茲過著不幸的人生。他的父親佛烈德利赫‧萊布尼茲（Friedrich Leibniz，1597年～1652年）是萊比錫大學（Leipzig University）的哲學教授，在萊布尼茲6歲時就過世了。少年時代的萊布尼茲過著自學的生活，讀遍了父親書庫中的書籍。到了15歲，他進入父親過去任職的萊比錫大學就讀法律系，並對哲學、數學、科學產生興趣。後來原本學校預計給他博士學位，卻遭到其他教授以「過於年輕」否決了這項提議（也有人說真正的原因是「對萊布尼茲才能的嫉妒」）。

　　在這之後，萊布尼茲離開萊比錫，獲得了阿爾特多夫大學（University of Altdorf）的博士學位。不過在阿爾特多夫大學為他準備了法學系教授的職位時，萊布尼茲卻決定成為一名外交官。

外交上的努力沒有成果

　　萊布尼茲在外交官、政策顧問的職位上奮戰。他提案讓法國「進入埃及」，好讓包含法國在內的歐洲各國把目光從德國移開，但最終仍沒能阻止路易十四發起侵略戰爭。

後來拿破崙（Napoleon Bonaparte，1760年～1821年）在遠征埃及時，在發現100年前敵國德國的外交官，就曾提議法國應該要遠征埃及，連拿破崙自己都嚇了一跳。

唉？在我遠征埃及的100年前，萊布尼茲就已經向法國政府提議要這麼做了嗎？

在巴黎的4年是他的人生轉機

萊布尼茲 Leibniz

1672年到1676年萊布尼茲在巴黎度過了黃金般珍貴的4年，尤其是數學領域的知識有了飛躍的進步。

其實萊布尼茲剛到巴黎時，數學方面的知識相當有限。幸運的是，萊布尼茲遇到了當時居住於巴黎的荷蘭學者惠更斯（Christiaan Huygens，1629年～1695年），並接受了他的數學指導；萊布尼茲也曾以外交官的身分訪問英國，讀到了巴羅（牛頓的老師）的著作。因此有人認為1676年萊布尼茲離開巴黎時，已掌握了「微積分基本定理」的概念。

萊布尼茲小弟啊，我很看好你喔。我來教你一些基本數學吧。

巴黎真是讓我大豐收！

惠更斯　　　　　　　　萊布尼茲

英國 vs 歐陸（萊布尼茲方的看法）

　　一般認為萊布尼茲與牛頓幾乎在同一時間發明了微積分，不過先發表論文的卻是在1684年以〈取極大與極小的新方法〉（Nova Methodus pro Maximis et Minimis）描述了微分的萊布尼茲。也就是說，萊布尼茲可能在1676年時，就已經發想到了微積分基本定理。接著他也在1686年出版了〈深奧的幾何學〉（De geometria recondite et analysi indivisibilium atque infinitorum），描述微分的逆運算——積分。

　　雖然牛頓想出微積分概念的時間點（1665年～1666年），可能比萊布尼茲還要早上許多，卻因為遲遲沒有公開，導致科學界一直激烈爭論到底是誰發明了微積分。不過，牛頓是從力學觀點得出微積分的概念，萊布尼茲則是透過變化（函數）的觀點推論出微積分概念，兩者使用的方法略有差異。到最後，這場爭論甚至超出了個人之間的爭吵，演變成了英國與歐陸數學界的爭辯。在現代，則是公認兩人分別獨立建立了微積分這門學問。

「萊布尼茲抄襲」是英國數學界的主流意見，王家學會也支持這個看法。不過，此時代表王家學會發表意見的人正是牛頓。

由力學觀點

支持牛頓派
（英國數學家）　　支持萊布尼茲派
（歐陸數學家）

盜用？萊布尼茲怎麼可能會做這種事！再說，明明就是萊布尼茲先發表的。

從變化的觀點

發明「計算機」的工程師

　　萊布尼茲還擁有一個其他數學家沒有的身分——工程師。萊布尼茲住在巴黎時，曾用「步進滾筒」（stepped drum）機制，在1676年製作出手搖式計算機

萊布尼茲的「計算機」。（出處：Kolossos）

（萊布尼茲計算機）。雖然法國數學家帕斯卡（Blaise Pascal，1623年～1662年）也曾製作過計算機，但他的計算機只能計算加減法，而萊布尼茲的計算機還可計算乘除法。甚至後來帕斯卡的姪女佩里爾（Marguerite Périer，1646年～1733年）還曾參觀過萊布尼茲的計算機。

萬能天才萊布尼茲

萊布尼茲在大學主修法律，對數學、哲學也有所涉獵，後來不僅成為外交官，還發明了手搖式計算機，對機械方面也很有心得。某種意義上可以說是到達了阿基米德的境界。細數萊布尼茲的專長共橫跨了數學、哲學、物理學、神學、歷史學、經濟學、法學、計算機學等學問，可以說是「萬能天才」。此外，他還有近1000名學者朋友呢。

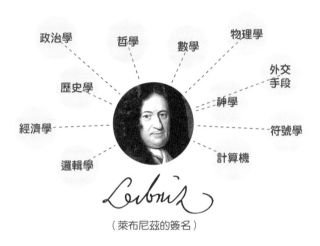

（萊布尼茲的簽名）

萊布尼茲　Leibniz

巴黎生活落幕

在萊布尼茲擔任美茵茲總主教代理人與英國交涉的期間，總主教過世了。為了繼續留在巴黎，萊布尼茲接受了德國布倫瑞克─呂訥堡（Braunschweig-Lüneburg）公爵格奧爾格·路德維希（Georg Ludwig，1660年～1727年，漢諾威選帝侯）的法律顧問工作。

萊布尼茲在去世前的40年之間，一直都在幫忙布倫瑞克家族（House of Brunswick）撰寫族譜，最後將族譜上溯至1000年前。

不過，公爵沒有遵守讓萊布尼茲留在巴黎的約定，而是把他叫回德國，並任命為公爵家的圖書館館長，還要他負責很無聊的工作——整理公爵家的族譜。

被捨棄的萊布尼茲

英國安妮女王（Anne，1665年～1714年）過世後，斯圖亞特王朝（House of Stuart）絕後。於是母親出身於斯圖亞特王朝的路德維希便被迎接到了英國，成為英國國王喬治一世。但他並不會說英語，政務也都交給沃波爾（Robert Walpole，1676年～1745年）處理，成為英國王室「君臨但不統治」的開端。不過，萊布尼茲並未隨著喬治一世來到英國，而是留在德國度過他剩餘的人生。

迎來路德維希，成為英國國王喬治一世

英國

布倫瑞克——呂訥堡公國

真是天上掉下來的禮物啊……不會說英語，又只是小國公爵的我，居然成為英國國王！只好把萊布尼茲留在德國了。畢竟他與牛頓有過爭執，我不想再引起爭端。

格奧爾格・路德維希

萊布尼茲就在路德維希前往英國的兩年後（1716年），平靜過世了。據說告別式上只有一名僕人出席。就這樣，萬能天才萊布尼茲76年的生涯，靜靜的走到終點。

使用至今的萊布尼茲符號

　　雖然牛頓與萊布尼茲的「微積分發明者」之爭，以「各自獨立發現」的結果落幕。不過另一個戰場「微積分使用的符號」，則是萊布尼茲獲勝。

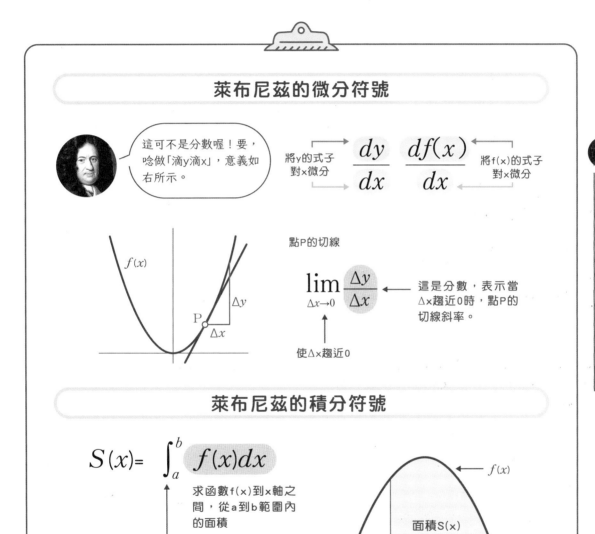

萊布尼茲的微分符號

這可不是分數喔！要，唸做「滴y滴x」，意義如右所示。

將y的式子對x微分 → $\dfrac{dy}{dx}$ $\dfrac{df(x)}{dx}$ ← 將f(x)的式子對x微分

點P的切線

$f(x)$

Δy

P Δx

$\displaystyle\lim_{\Delta x \to 0} \dfrac{\Delta y}{\Delta x}$ ← 這是分數，表示當 Δx 趨近0時，點P的切線斜率。

使 Δx 趨近0

萊布尼茲的積分符號

$S(x) = \displaystyle\int_a^b f(x)dx$

求函數f(x)到x軸之間，從a到b範圍內的面積

唸做「積分從a到b」

$f(x)$

面積S(x)

a　　b

萊布尼茲 Leibniz

Cavalieri

卡瓦列里

將積分視覺化的數學家

●1598年～1647年11月30日

博納文圖拉‧弗蘭切斯科‧卡瓦列里（Bonaventura Francesco Cavalieri）是義大利的聖職者、數學家。在積分領域中提出了卡瓦列里原理，著有《不可分割連續體的新幾何學》（Geometria indivisibilibus continuorum nova quadam ratione promota）。雖然牛頓、萊布尼茲是微積分的創始者，但他們也不是無中生有建構出微積分這門學問。在他們之前，還有像卡瓦列里等許多先驅開路，而「積分視覺化」正是卡瓦列里的重要貢獻。

「積分問題」── 卡瓦列里法

直接來看看一個和卡瓦列里有關的問題吧。右圖中，將黃色圖形往右移動5公分，可得到陰影的部分，要怎麼計算陰影部分面積呢？如果有注意到某個關鍵，3秒鐘就可以解出來了。

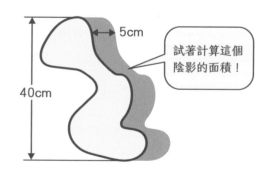

5cm

40cm

試著計算這個陰影的面積！

用卡瓦列里法解積分問題

這種歪七扭八的形狀，乍看之下很難算出面積。但其實，不管圖中左邊的形狀長什麼樣子，算出來的面積都一樣。在原本的黃色圖形左邊加上一條直線後，將這個形狀往右移動5公分，左邊就會留下5公分的痕跡。而往右移動時增加的面積，會與左邊消失的面積相等，所以只要計算痕跡的長方形的面積就可以了。5×40=200平方公分，這就是答案。

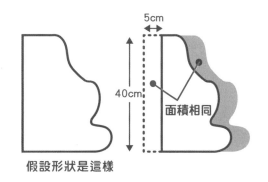

5cm

40cm

面積相同

假設形狀是這樣

卡瓦列里 Cavalieri

取型器的使用

你聽過「取型器」這種工具嗎？下方上列的左圖是取型器原本的形狀，當它靠在圓柱上時，針就會從另一側凸出。積分問題也是使用類似的概念。下方下列左圖的面積為S_1，當它像取型器般變形後，面積S_2仍與S_1相同。

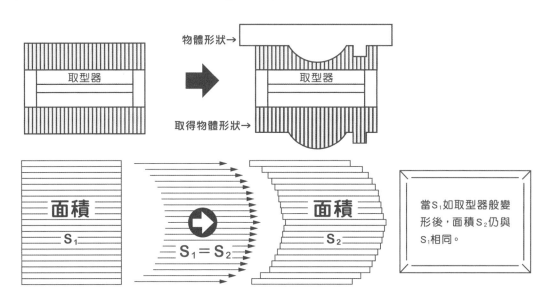

物體形狀→

取型器

取型器

取得物體形狀→

面積 S_1

$S_1 = S_2$

面積 S_2

當S_1如取型器般變形後，面積S_2仍與S_1相同。

體積也一樣

體積也一樣。左邊是一疊硬幣。即使硬幣疊歪了，體積也不會改變。所以左邊的體積V_1與右邊的體積V_2相等。

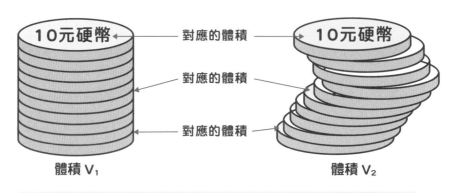

使 V_1 如取型器般變形，得到的 V_2 仍與 V_1 相同

卡瓦列里原理

以上就是「卡瓦列里原理」的概念。這個概念指出「平面圖形由無數條線段組成，立體圖形由無數個平面組成」，而且這裡的線段與面「不可再細分」。對於兩個平面圖形來說，如果對應的線段都一樣長，那麼兩個平面圖形的面積就會相等；對於兩個立體圖形來說，如果對應的平面面積都一樣大，那麼兩個立體圖形的體積也會相等。由此可以看出，卡瓦列里將平面圖形面積視為線段長度的加總，其實就是積分的概念。

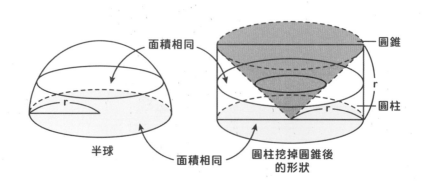

由卡瓦列里原理可以知道，前頁「半球體積（左）」與「圓柱挖掉圓錐後的體積（右）」的比例為1：1。由於右邊圓柱與圓錐的體積比為3：1，因此可以知道左邊半球與等高圓柱的體積比為2：3，同時也就能知道「整顆球的體積：等高圓柱的體積 = 2：3」。阿基米德相當喜歡這樣的結果（參考第34頁）。

另外，我們也可以透過卡瓦列里原理，由左下圖中的圓面積公式，推導出右下圖中的橢圓面積公式：與左邊的圓相比，右邊的橢圓在橫向上變成了b/a倍；半徑為a的圓，面積為πa^2，橢圓的面積為$\pi a^2 \times b/a = \pi ab$。卡瓦列里原理在此大顯神通！

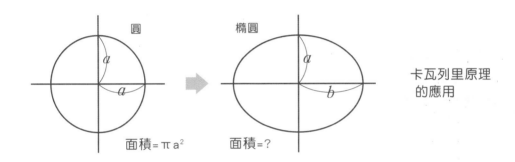

圓　　　　橢圓

卡瓦列里原理
的應用

面積= πa^2　　面積=?

因痛風而死

卡瓦列里到底度過了什麼樣的人生呢？雖然詳情不明，但我們知道他出生於義大利，小時候就潛心投入宗教學，以成為聖職者為目標，並在17歲時成為修道會的修道士。不過在1616年的某天，他見到了伽利略的弟子卡斯泰利（Benedetto Castelli，1578年～1643年），也因此認識了伽利略本人，於是卡瓦列里決定利用修道院的工作空檔鑽研數學。經過一番努力後，卡瓦列里在1626年至1629年前後，成為了波隆那大學的數學教授。

卡瓦列里對新領域的求知欲相當旺盛，據說也與梅森（參考第80頁）有書信往來。不過，他似乎在這個時期罹患了痛風。有人說他正是為了忘卻痛風的痛苦，才潛心鑽研數學與天文學。最後，卡瓦列里也因為痛風而過世。

卡瓦列里被伽利略感化，於是捨棄聖職者，選擇了數學家的道路。

卡瓦列里

卡瓦列里 Cavalieri

Bernoulli

感情很差的天才家人們

白努利家族

讓微積分變得更好用的天才們

● 活躍於17世紀～18世紀

白努利家的家徽。

史上最強的「數學家族」

　　「白努利家族」是歷史上罕見的數學家族，在3個世代內就出了8位厲害的數學家。其中特別值得一提的有以下3位（編號為下方族譜中的號碼）。

　　①雅各布・白努利（Jakob Bernoulli）

　　②約翰・白努利（Johann Bernoulli）

　　③丹尼爾・白努利（Daniel Bernoulli）

為了表示對白努利家的敬意，許多事物以「白努利」命名並存續至今，如「2034白努利小行星」、月球的「白努利隕石坑」。

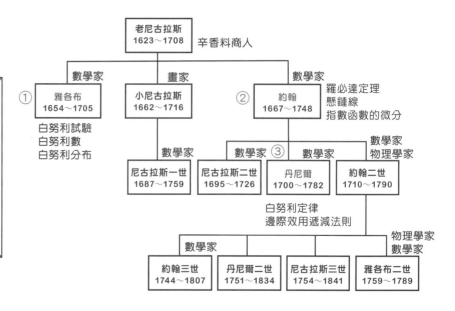

　　白努利家族的祖先居住在今天的法蘭德斯地區（Flanders，現屬比利時），但因為天主教徒迫害喀爾文教派的新教徒，他們逃到了德國的法蘭克福（Frankfurt），再移居至瑞士的巴塞爾（Basel）。族譜中最上方的老尼古拉斯（Nicolaus Bernoulli，1623年～1708年）經營辛香料生意大獲成功，子孫們則成為了歐洲最優秀的學者家族。

雅各布・白努利
(Jakob Bernoulli)

1654 年 12 月 27 日～ 1705 年 8 月 16 日

　　瑞士數學家、科學家，對微積分的發展有所貢獻。他到英國旅行時，曾與化學家波以耳（Robert Boyle，1627年～1691年，提出波以耳定律）、博物學者虎克（Robert Hooke，1635年～1703年，提出虎克定律、發明顯微鏡）見面，並受到很大的刺激。後來在瑞士的巴塞爾大學執教。

　　主要貢獻

　　1713年出刊的《猜度術》（Ars Conjectandi）中，提到了白努利試驗、白努利數等。

白努利家族 Bernoulli

白努利試驗

　　主要指像正面或背面、成功或失敗這種「結果為兩者擇一」的試驗，而足球比賽的投擲硬幣也是白努利試驗。雖說是兩者擇一，不過機率可以不必是50％對50％。例如擲骰子時，假設擲出1為「成功」，那麼成功機率就是1/6；失敗機率則為5/6，這也算是白努利實驗。

二項分布

　　如果進行多次（n次）白努利試驗，那麼該試驗成功次數的機率分布就是「二項分布」。右圖是投10次硬幣時，各個「正面次數」的機率（設定正面表示成功），可以看出二項分布很接近常態分布。

 ➡ 出現正面的機率 = 0.5

正面 =「1」

 ➡ 出現背面的機率 = 1−0.5
　　　　　　　　　　　　 = 0.5

背面 =「0」

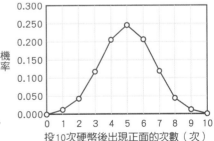

機率

投10次硬幣後出現正面的次數（次）

● 1667 年 8 月 6 日～ 1748 年 1 月 1 日

　①雅各布的弟弟、③丹尼爾的父親。瑞士的數學家、科學家。雖然接受在巴塞爾擔任數學教授的哥哥雅各布教導數學，但與哥哥雅各布的關係不好。①雅各布死後，約翰成為巴塞爾大學的教授。另外，他也曾經搶走自己的兒子③丹尼爾的研究成果，所以常與③丹尼爾起衝突。

● 主要貢獻

　發現微分的「平均值定理」（別名羅必達定理），並推算出懸鏈線的方程式。另外也確立了指數函數的微分、積分。

約翰・白努利
(Johann Bernoulli)

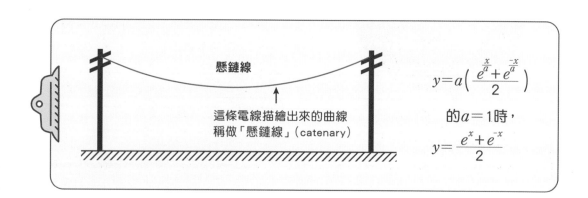

懸鏈線

這條電線描繪出來的曲線
稱做「懸鏈線」（catenary）

$$y = a\left(\frac{e^{\frac{x}{a}} + e^{\frac{-x}{a}}}{2} \right)$$

的 $a = 1$ 時，

$$y = \frac{e^x + e^{-x}}{2}$$

把定理賣給了學生？

　　約翰曾擔任羅必達（Guillaume de l'Hôpital，1661年～1704年）侯爵的家庭老師。羅必達侯爵編寫微積分教科書《闡明曲線的無窮小分析》（Analyse des Infiniment Petits pour l'Intelligence des Lignes Courbes）時，與約翰約定道：「我可以把你想到的定理當成我的嗎？我每年會支付300法郎的報酬給你。」現在微積分中的平均值定理，雖然是由約翰發現，卻被稱做羅必達定理，就是因為有這段故事。

1700 年 2 月 8 日～ 1782 年 3 月 17 日

　　瑞士的數學家、物理學家、植物學家、醫學家。丹尼爾被認為是白努利家族中最知性的人，曾在俄羅斯的聖彼得堡科學院、巴塞爾大學擔任教職。

主要貢獻

　　物理學（流體力學）中的白努利定律、經濟學的邊際效用遞減定律等概念。

丹尼爾．白努利
(Daniel Bernoulli)

白努利家族　Bernoulli

白努利定律

$$\leftarrow v_1 \Delta t = s_1 \rightarrow$$
$$\leftarrow v_2 \Delta t = s_2 \rightarrow$$

p_1　v_1　A_1　h_1　p_2　v_2　A_2　h_2

流速快、壓力小　　　　　流速慢、壓力大

流體在管中流動時，若流速加快，則壓力或位能會減少。

好朋友

丹尼爾　　　　歐拉

之後登場的大數學家歐拉，自幼起便與白努利家有交情，與③丹尼爾的感情特別好。

怎麼可能？研究成果被父親搶走！

　　丹尼爾後來從聖彼得堡科學院回到巴塞爾，並在巴塞爾大學講授植物學。1734年，丹尼爾獲得了法國科學院獎，而同樣有報獎的父親約翰竟然也同時獲獎。「與兒子相等」這件事傷到了父親約翰的自尊心，一氣之下居然下令「禁止丹尼爾回老家」。

禍不單行的是，丹尼爾在1738年出版了《流體力學》（Hydrodynamica），但他的父親約翰卻盜用書中內容發表《水力學》（Hydraulica）。而且父親約翰的著作明明是在1739年才出版，卻偽造成是1732年，好讓大家以為他比丹尼爾還要早想到書中內容。

邊際效用遞減的概念

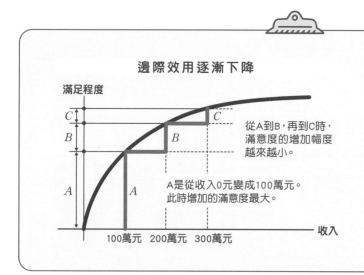

邊際效用逐漸下降

滿足程度

C
B
A

從A到B，再到C時，滿意度的增加幅度越來越小。

A是從收入0元變成100萬元。此時增加的滿意度最大。

收入

100萬元　200萬元　300萬元

如果原本就擁有很多，那麼再增加一些時，獲得的快樂（效用）就比較少；如果原本擁有很少，再增加一些時，獲得的快樂就比較多。換句話說，目前經濟學的基礎概念認為，人們獲得快樂的程度，並非取決於花費的成本，而是取決於邊際效用。

第一杯　第二杯　第三杯

咖啡與邊際效用

喝第一杯咖啡時會覺得相當滿足，但第二杯、第三杯時，滿足程度就會逐漸下降……

滿足度

100　**50**　**10**

好高興！　　　　我膩了。

戀愛也有邊際效用

與戀人見面時理應感到高興。一開始會每天都黏在一起，但如果每天都見面的話也會膩，看來愛情也會遵循邊際效用遞減法則……嗎？

第 **5** 章

數學巨人
高斯與歐拉

歐拉與高斯，
兩座孤高的山峰

　　牛頓、萊布尼茲活躍於17世紀至18世紀前半，而在他們之後接下棒子的則是歐拉（Leonhard Euler，1707年～1783年）與高斯（Carl Friedrich Gauss，1777年～1855年）兩人。下一章中我們會提到許多同時期的法國數學家，如果這些人可以比喻成一座座「高山」的話，那麼歐拉與高斯就像是富士山般孤高的山峰。

　　在歐拉與高斯生活的18世紀至19世紀前半，當時想靠數學家的身分維生並不容易。數學家往往需要背景雄厚的貴族或贊助者來資助，各地的學校也不一定會把數學列為正式教學科目，數學教授的職位更是非常稀少。

　　你可能會想：「那麼哪裡可以讓人單純以數學家的身分活下去呢？」那時候的「王家學院」就是其中之一。當時歐洲有很多地方都開設了王家學院，代表那個地方的王國有個思想進步，能理解文化、藝術、學問的國王。譬如英國王家學會（牛頓等人擔任過會長）、法國科學院（於下一章介紹）、普魯士科學院（萊布尼茲創立），以及俄國彼得大帝為了追上西歐而創立的聖彼得堡科學院。

　　事實上，就連歐拉那麼厲害的數學家，在當地的巴塞爾大學（瑞士）也找不到數學教職。後來在能夠理解他才華的白努利兄弟介紹下，好不容易才能到聖彼得堡科學院工作，但中途又碰上預料之外的混亂，最後偶然得到一個數學教授的職缺，終於能勉強維持生計。

歐拉的署名與瑞士法郎的上肖像畫。

各位，努力研究文化、藝術等學問吧！

歐拉　　高斯

高斯的生活比歐拉更為貧困。高斯家境清寒，起初是在朋友的介紹下才獲得貴族贊助研究，並在日後勉強得到一個天文臺臺長的職位餬口。據說高斯到死前一直過著簡樸的生活，但即使每天都被生活所需追著跑，他仍持續投入熱情在數學上。

從這裡看來，歐拉與高斯有著相似的一面，不過在發表論文這點上，兩人可說是兩個極端。歐拉相當多產，生前留下的論文多到即使是死後240年的今天，《歐拉全集》（Opera Omnia Leonhard Euler）仍未編纂完畢。相較之下，身為完美主義者的高斯則是不到最後一刻絕對不發表理論，只把發現記錄在他的〈數學日記〉內。也因此，他曾被捲入法國數學家勒讓德（Adrien-Marie Legendre，1752年～1833年）的定理發現人之爭而遭到怨恨。

那麼，這兩位數學巨人、數學界的至寶，過的是什麼樣的生活呢？重視家人的他們，又是如何分出時間研究數學的呢？讓我們試著抬頭仰望頂峰吧。

常態分布曲線

以前的德國10元馬克的紙鈔上繪有高斯的署名與肖像畫，以及他最知名的常態分布曲線（高斯曲線）。

Euler

歐拉

人氣第一名的數學家

史上最強的孤高數學家

● 1707 年 4 月 15 日～ 1783 年 9 月 18 日

　　萊昂哈德・歐拉（Leonhard Euler）是天文學家和數學家，出生於瑞士巴塞爾的牧師家庭中。1720年進入巴塞爾大學就讀時，被約翰・白努利（參考第107頁）發掘數學才能，也與約翰的兒子丹尼爾感情很好。歐拉是史上寫出最多論文的數學家，複雜的計算對他來說就像是呼吸一樣簡單，因此與晚他70年後出生的高斯合稱為「數學界兩大巨人」。

生養很多孩子的歐拉

　　歐拉與第一位妻子之間有13個小孩，但最後長大成人的只有6個。

　　歐拉可以一邊讓小孩坐在他的腿上玩耍，一邊進行複雜的數學計算，並在這個狀態下寫出數百篇論文。不過這個過程中，歐拉的眼睛越來越差，先是失去了單眼視力，最後兩隻眼睛都看不到了。於是後來便改成歐拉口述，再由孩子們把內容記下來寫成論文。

受眾人熱愛的「歐拉恆等式」

數學史上到處都可以看到歐拉的名字，其中最有名的大概就是歐拉恆等式吧。這個式子可用左邊或右邊的形式表示：

$$e^{i\pi}=-1 \quad 或 \quad e^{i\pi}+1=0$$

這裡的e與π稱做「超越數」，是無理數的一種，如下：

e=2.7182818⋯⋯

π=3.141592⋯⋯

小數點以後可無窮無盡寫下去。而π就是我們常説的圓周率3.14。

另一個「i」則是所謂的「虛數」。一般的數為「實數」，不管是正數或負數，平方後都是正數，例如。譬如$(-3)^2=9$；但是虛數 i 平方之後卻是負數，譬如$i^2=-1$，是相當特別的數。

e、i、π 這三個原本就很神奇的數組合後竟然可以得到-1這個單純的結果，方程式的形式也相當漂亮，顯得更神奇了。而在歐拉恆等式之前，還有所謂的歐拉公式，模樣如下：

$$e^{i\theta}=\cos\theta + i\sin\theta$$

歐拉●Euler

歐拉公式中的「θ」指的是角度，如果如果令θ=π（π為弧度法的角度表示方式，相當於度數法的180°），就能從上方的歐拉公式會得到$e^{i\pi}=-1$。

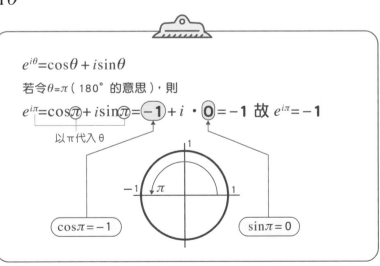

$$e^{i\theta}=\cos\theta + i\sin\theta$$

若令θ=π（180°的意思），則

$$e^{i\pi}=\cos\pi + i\sin\pi = (-1)+i \cdot (0) = -1 \quad 故 \quad e^{i\pi}=-1$$

以π代入θ

$\cos\pi=-1$

$\sin\pi=0$

柯尼斯堡七橋問題

　　歐拉還有一個經常為人津津樂道的故事。當時社會上流行著一個「七橋問題」，內容是「流經普魯士柯尼斯堡（Königsberg，現在的俄羅斯加里寧格勒）的布勒格爾河上有7座橋，你可以在不重複走過同一座橋的條件下，走過每一座橋嗎？」

　　歐拉把每條路線轉換成頂點與邊，以簡單的符號畫出圖像，證明「無法一筆劃經過所有頂點」。這個問題也因此成為後來拓樸學（位相幾何學）的基礎之一。

歐拉時代的柯尼斯堡古地圖

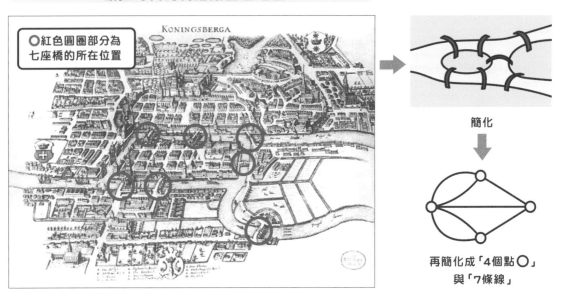

○紅色圓圈部分為
七座橋的所在位置

KONINGSBERGA

簡化

再簡化成「4個點○」
與「7條線」

創造數學符號

　　歐拉創造了許多數學符號與數學圖。譬如以下現在教科書使用的符號就是由歐拉創造。

● 以π表示圓周率3.14

- 以e表示自然常數（也叫做歐拉數），有人說這是取歐拉（Eluer）名字的第一個字母。
- 以f(x)表示函數（以f表示函數則是由萊布尼茲首創）。
- sin(x)與cos(x)等三角函數的符號。
- 表示加總的Σ（sigma）符號。
- 歐拉圖（文氏圖）。

歐拉的符號

$$\pi = 3.141592\cdots\cdots$$
$$e = 2.71828\cdots\cdots$$

$$f(x) \qquad \sum_{k=1}^{n} k^2$$

$$\sin(x) \quad \cos(x) \quad \tan(x)$$

白努利家族的指導

著名數學家雅各布・白努利曾教過歐拉的父親保羅・歐拉（Paul Euler，1670年～1745年）一些數學基礎，可見保羅自己也對數學有些興趣。保羅曾教過他兒子歐拉一些初等數學，不過或許是希望兒子能繼承自己牧師的衣缽，他讓歐拉進入瑞士巴塞爾大學就讀，學習神學與希伯來語。但在命運的安排下，歐拉遇到了約翰・白努利後數學突然開竅，決定要成為一位數學家。巧的是，這位約翰・白努利（參考第106頁），就是教父親保羅數學的雅各布的弟弟。

雖然歐拉拜託約翰教他數學，但忙碌的約翰對歐拉說「你先讀讀困難的數學書，要是有不會的地方再來問我，一週來一次」，而正是在回答歐拉問題的過程中，約翰逐漸看出了歐拉的才能。

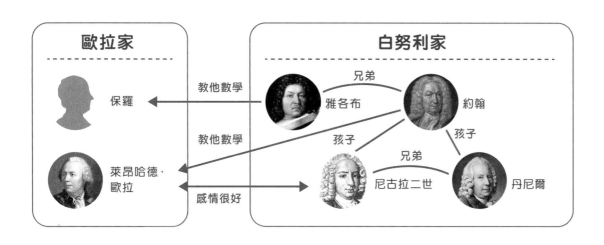

於是約翰説服歐拉的父親保羅：「你的兒子很有數學天賦，我希望他能放棄成為牧師，踏上數學家的道路。」在這個瞬間，孤高的數學家歐拉就此誕生。

或許也因為父親保羅自己就是向白努利家族（雅各布）學習數學，所以沒辦法拒絕對他有恩的白努利家族吧。

白努利家族幫忙找工作

歐拉原本想成為巴塞爾大學的教授，卻沒有被錄取。當時，與歐拉交好的尼古拉二世（Nicolaus II Bernoulli，1695年～1726年，白努利家族丹尼爾的兄弟）獲得俄國葉卡捷琳娜一世（Catherine I Alekseevna Mikhailova，約1725年～1727年）的聘書，自1725年起擔任聖彼得堡科學院的數學教授。尼古拉與約翰二人都想把歐拉也招來聖彼得堡科學院擔任數學教授（聖彼得堡後來一度改名為列寧格勒，現在則恢復舊名聖彼得堡）。

一開始是學院讓歐拉補醫學部門的缺額，但因為歐拉到達聖彼得堡時，葉卡捷琳娜正好去世，在俄羅斯內引起了政治和學院內混亂。不過幸運的是，歐拉在這陣混亂中，拿到了一個數學部門的缺額。

1753年時的聖彼得堡科學院。

失去視力也沒事？

歐拉在1734年與畫家之女基瑟爾（Katharina Gsell，約1707年～1773年）結婚，生了13個孩子，過著看似幸福的人生。但不幸的是1735年至1738年間，30歲左右的歐拉右眼失明；再30年後，他的左眼也失明，雙眼都看不到東西了。

不過歐拉一點都不覺得悲哀，反而說出了「正因如此，我可以更專注在數學研究上」這樣的話。

在旁人眼裏，歐拉計算的時候毫不費力，就像一般人在呼吸、老鷹在飛翔一樣。
法國科學院會員弗朗索·瓦阿拉戈（François Arago，約1786年～1853年）

誰都學不來的記憶力與計算能力

為什麼歐拉不覺得悲哀呢？因為他擁有驚人的計算能力與記憶力。歐拉可以心算龐大而複雜的算式，再要求孩子記下自己口述的數學式。

以下介紹幾個關於歐拉驚人記憶力、計算能力的小故事。

首先是記憶力，他小時候曾閱讀維吉爾（Vergilius，前70年～前19年）長達12卷的敘事詩《艾尼亞斯紀》（Aeneid），並把它背了下來。艾尼亞斯是特洛伊戰爭的英雄，維吉爾花了11年寫這部作品，是一部超長的敘事詩。

歐拉「驚人的記憶力」

現在12卷《艾尼亞斯紀》都在我腦中了。

不只是古書，所有計算結果我也都記得喔！

畫家皮埃爾·蓋爾（Pierre Guérin，1774年～1833年）在1815年描繪的《向蒂朵講述特洛伊陷落過程的艾尼亞斯》（Aeneas tells Dido about the fall of Troy）。

心算50位數的加減乘除並指出他人錯誤

接著來看看與歐拉計算能力有關的小故事。有一次，他的兩名弟子正在計算數值達50位數的複雜級數，但兩人的結果卻不一樣，於是詢問歐拉誰的答案才正確，結果歐拉馬上用心算迅速計算並指出誰對誰錯。歐拉甚至可以迅速心算出8位數相乘的答案。順帶一提，筆者為日本珠算1級，曾經練習到有段位的程度，不過8位數相乘的心算實在是辦不到。

在沒有視力的情況下，反而更能凸顯出歐拉極為罕見且驚人的記憶力與計算能力了。

8位數×8位數？沒問題！

50位數？A算對了，B算錯了！

從俄國到普魯士，再回到俄國

可能是因為生病，也可能是因為葉卡捷琳娜一世過世後，俄國的規定變得更嚴格，歐拉的好友丹尼爾遭到許多人敵視，於是在1733年離開了俄國。雖然歐拉也覺得俄國待不太下去，但因為已在這裡結婚、也有了小孩，最後還是決定留下並專注在研究上。也是在這個時候，法國科學院正懸賞一個天文學上的難題，歐拉花了3天埋首於研究後，竟然導致了右眼失明。

歐拉在俄國過了十多年拮据的生活。1741年，普魯士國王腓特烈二世（Friedrich II，1712年～1786年）邀請歐拉到普魯士科學院任職，於是歐拉便從俄國移居到德國。

不過，腓特烈二世不僅不擅長數學，還偏好能夠侃侃而談的人。他除了討厭歐拉這種不善言辭的人，還蔑稱右眼失明的歐拉為「數學的獨眼巨人」。考慮到孩子們的未來，歐拉決定在葉卡捷琳娜二世（Catherine II，1729年～1796年）上位後的1766年，再次回到聖彼得堡。

我說啊，你們不覺得歐拉就像「獨眼巨人」嗎？

您說的是！

歐拉＝獨眼巨人？

腓特烈二世

葉卡捷琳娜二世的態度

事實上，歐拉離開俄國後，俄國仍持續支付薪水給歐拉；1760年，俄國入侵普魯士領地時波及到歐拉的私有地，賠償歐拉的金額甚至比他損失金額還多，還額外送了一筆錢給歐拉。換言之，俄國準備好了一切，只為了讓歐拉回到俄國。

回到俄國的歐拉，家中包含傭人共有18名成員，葉卡捷琳娜二世還為歐拉家準備了專屬廚師。1771年聖彼得堡大火時，歐拉家被燒毀，葉卡捷琳娜二世又給了他大筆資金，從來沒虧待過歐拉。

論文量與寫作速度

歐拉被譽為「數學史上個人論文產量最多的數學家」。他在50年間共寫了886篇論文，全數高達5萬多頁，平均一年寫了800頁以上的論文。還曾經發生過因為歐拉寫得太快，印刷廠來不及處理，結果印刷業者又把堆積如山的論文最上面的那一篇帶回印刷廠，導致最新的論文反而比較早出版。另外，還發生過有人叫歐拉「吃飯了」，不久後又再度催促他「吃飯了喔」，而就在這兩聲催促之間，歐拉就寫好了一篇論文。

歐拉　Euler

數學界的巨星殞落

1783年9月18日，歐拉正在計算赫雪爾（Friedrich Herschel，1738年～1822年）在1781年發現的天王星之公轉軌道時，突然説出一句「我要死了」，於是停止了呼吸。可以説歐拉終止了計算的同時，也終止了人生。這年是法國大革命發生的前6年，也是日本淺間山發生「天明大噴發」的那年。

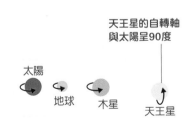

天王星的自轉軸
與太陽呈90度

太陽　　地球　　木星　　天王星

平均公轉半徑：約28億7100萬公里
公轉週期：約84年

Gauss

高斯

人類史上最強的數學家

● 1777 年 4 月 30 日～ 1855 年 2 月 23 日

約翰·卡爾·弗里德里希·高斯（Johann Carl Friedrich Gauß）是德國數學家、天文學家、物理學家；又被譽為「三大數學家」之一、「數學界兩大巨人」之一。「三大數學家」指的是阿基米德、牛頓、高斯；「數學界兩大巨人」則是指歐拉與高斯。高斯在數論、代數學、微積分、拓樸學、非歐幾何學等許多數學領域都有很大的貢獻；此外，物理學（電磁學）、天文學也有他的足跡。

父母的教育方針相反

　　高斯的父親與母親幾乎都沒有受過教育，不過他們對教育的想法卻大相徑庭。他的父親格布哈德·高斯（Gebhard Gauss，1744年～1808年）從事園藝、泥作業為業，是個用蠻力使喚高斯做這做那的粗魯男子；他曾想讓高斯也當個磚塊工人，認為孩子「不需要教育」。

　　相對於此，母親多羅西·本馳（Dorothea Benze，1743年～1839年）以及她的弟弟（高斯的舅舅）弗里德里西·本馳（Friedrich Benze，約1759年～1808年）察覺到高斯的能力異於常人，認為他應該要接受高等教育，並想保護高斯不被他父親影響，最後媽媽多羅西成功保護了高斯。

疊磚塊與數列和是不是很像呢？

神童高斯 —— 在學會說話前先學會計算？

常有人說「10歲是神童、15歲是才子、20歲過後則是一般人」。但18世紀的德國，出現了一個真正的神童，那就是人類史上最厲害的數學家——高斯。

高斯兩歲時，看到父親計算要付給磚塊工人的週薪時，對父親說：「爸爸，你算錯

爸爸，這個薪水算錯囉！

31 + 17 = 49

囉！」格布哈德重算一次後，發現確實像兒子說的一樣，他這才理解到高斯有特別的才能。但最後可能是因為經濟困難，他還是沒有打算要讓高斯接受高等教育。

後來，高斯曾開玩笑的說：「我在學會說話前，就學會計算了。」高斯請人買了字母和數字的書籍自學發音與數字，並將自己的計算方式拿給周遭的大人看、自行推測四則運算的機制。他的記憶力也不遜於歐拉，就像照相一樣，可以把所有事物準確無誤的記錄下來。

高斯
Gauss

記憶力

高斯一生都沒忘記舅舅弗里德里西為他做的事。

小時候發生的事都記得很清楚

計算力

我的生日是……

媽媽多羅西不曾在學校受過教育，所以寫不出高斯的生日，只記得是「升天節前8天的星期三」。高斯知道這些資訊後，馬上開始計算自己的生日。

神童高斯 —— 布特納老師與數列之和

高斯7歲入學時，學校有個會用鞭子抽打學生的老師布特納（Jürgen Büttner），他在高斯10歲時出了一個非常困難的算術問題。這個問題內容不詳，不過目前推測應該是以下這個樣子：

1+2+3+…+99+100

布特納要求第一位在石板上寫出答案的學生，將石板交上前去給老師，接著第二位寫出答案的學生把石板疊在第一位的石板上，依此類推。高斯似乎馬上就寫出了答案並交上石板，布特納老師也在確認後發現，除了第一位繳交石板的高斯以外，其他的學生都答錯了。只不過在高斯的石板上並沒有任何計算過程，只寫了答案5050。一般認為，高斯的解題方法應該就是今日高中生會學到的「等差級數」。

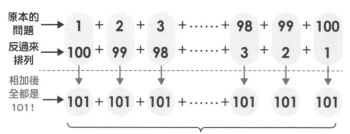

原本的問題 → 1 + 2 + 3 +……+ 98 + 99 + 100

反過來排列 → 100 + 99 + 98 +……+ 3 + 2 + 1

相加後全都是101！ → 101 + 101 + 101 +……+ 101 + 101 + 101

100 個

100個101相加後10100。這個答案是求的2倍，所以除以2後可以得到10100÷2=5050。發現這點後，這題就簡單多了。

從1加到100的過程很難用圖來表示，這裡就以加到10為例子吧。
粉紅色部分是從1加到10的總和。將這個區塊反轉過來疊上去，可以得到
10 × 11 = 110個
但這是所求的2倍，所以要再除以2，最後得到
110 ÷ 2 = 55個

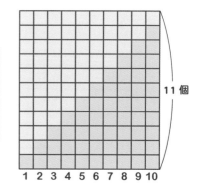

11 個

1 2 3 4 5 6 7 8 9 10

與巴爾特斯的相遇

布特納老師雖然粗暴，但也驚訝於高斯的數學天分，於是改變對高斯的想法，甚至用自己的薪水購買昂貴的書籍給高斯。然而高斯很快就讀完這本書，布特納老師也沒有東西能教他了。

高斯在遇到巴爾特斯這個終生朋友之前，多以自學為主。

不過高斯的運氣還不錯，布特納老師把高斯介紹給他的助手——比高斯年長的約翰・巴爾特斯（Johann Bartels，1761年～1850年），他們二人便一起研究二項定理與無限級數。

獲得終生贊助

巴爾特斯帶來的好運不僅於此。高斯原本會成為一位磚塊工人，不過巴爾特斯把高斯推薦給了他的朋友卡爾二世・威廉・斐迪南公爵（Charles II William Ferdinand，1735年～1806年）。

1791年，14歲的高斯謁見斐迪南公爵。斐迪南公爵喜歡高斯的內斂性格，於是決定援助高斯接受高等教育所需的費用。高斯家的經濟問題就在這個瞬間解決了。

高斯 ● Gauss

人生的轉捩點 —— 1796年3月30日

高斯的語言學習能力很強，能看懂拉丁文等語言；他也讀過牛頓的《自然哲學的數學原理》，自行摸索著數學道路。1796年3月30日的早上，還不到19歲的高斯證明了「可以用尺規作圖畫出正十七邊形」。這可是自從歐幾里得開創幾何學以來，超過2000年沒有一個數學家能證明的問題。從此高斯踏上了數學家這條路。

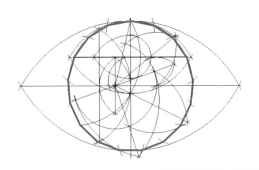

具體的正十七邊形作圖方式，則是在1800年時，由約翰尼斯・厄辛格（Johannes Erchinger）發現。維基百科上有正十七邊形作圖的動畫。

質數定理的研究

「質數」是一群特別的數。在比1大的自然數（也就是2以上的整數）中，若因數只有1與自己本身，那麼這個數就是質數。質數包括2, 3, 5, 7, 11, 13, 17, 19, 23……可以一直寫下去。10以內有4個質數、100以內有25個質數、1000以內有168個質數。

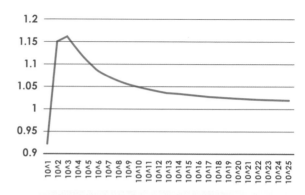

觀察質數出現頻率，可發現隨著數字越大，質數會越來越少。（橫軸為對數尺度）

高斯15歲時便思考「自然數中出現質數的頻率是多少」並猜想頻率會越來越低，這個概念叫做「質數定理」。法國數學家勒讓德曾在1798年出版《數的理論》（Essai sur la Théorie des Nombres）中首次發表這個定理，不過高斯在更早以前就有這種想法了。

高斯的日記

從高斯發現能以尺規作圖畫出正十七邊形的那天，一直到到1814年為止，他都把在數學上的發現記錄在日記中，又稱〈高斯日記〉。不過因為高斯寫得很簡潔，所以其他人解讀起來相當困難。比解讀更重要的是，這本日記明明是在高斯死後43年才由遺族發表，但日記中卻出現了其他數學家在高斯死後才發現的內容——原來高斯早就發現了。

如果高斯生前有把「日記」中提到的內容發表出來，那麼其他數學家應該就會把心力放在其他主題上，勒讓德也不會對高斯有反感了。

因為我是完美主義，所以不到最後一刻絕對不發表理論。如果造成你的困擾，那就抱歉啦。

《高斯的數學日記》
（日本評論社）

預言小行星穀神星的位置

1801年，數學家高斯成了一位預言家。當年1月1日，天文學家皮亞齊（Giuseppe Piazzi，1746年～1826年）發現新的行星「穀神星」（實際上是小行星，現稱為矮行星）。不過，在還沒獲得足夠觀測資料前，穀神星就隱沒到了太陽後方，讓天文學界擔心以後再也找不到它。此時高斯

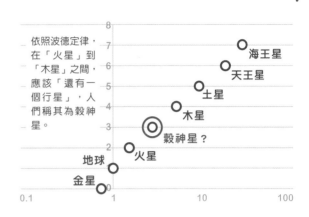

依照波德定律，在「火星」到「木星」之間，應該「還有一個行星」，人們稱其為穀神星。

海王星
天王星
土星
木星
穀神星？
地球
火星
金星

想出了新的方法，讓人們透過極少量的觀測結果，就能計算出正確的軌道，並準確預測穀神星下次出現的位置。

　　因為這件事，讓高斯在1807年7月獲得了哥廷根天文臺臺長的職位。這下即使沒有了斐迪南公爵的資助，他也能過上簡樸的生活，而高斯後來的確終生都靠著這份天文臺的工作維生。

高斯 ● Gauss

最大的贊助者斐迪南公爵過世

　　1806年晚秋，29歲的高斯走到自家門前的大馬路，悲傷的看著一臺馬車急速通過。長期金援高斯的斐迪南公爵在戰爭中被拿破崙打敗，此時馬車中的他正處於瀕死狀態。後來，斐迪南公爵在當年11月死亡，除了深感悲傷之外，高斯也失去了一個能夠理解、支援他的人。

拿破崙與布蘭登堡門。

　　斐迪南公爵曾贏得許多戰爭。普魯士王建造的布蘭登堡門，就是為了迎接斐迪南公爵軍隊的凱旋歸來，並答謝救出王妹之恩。
　　後來，率領普魯士暨奧地利聯軍的斐迪南公爵，敗給了拿破崙的軍隊，拿破崙便於1806年10月27日率軍穿過布蘭登堡門入城。斐迪南則因戰爭時的重傷而於71歲去世。

過著樸素生活的高斯

高斯即使在接受了斐迪南公爵的金援，也擔任哥廷根天文臺臺長，擁有一定的經濟基礎後，但完全不奢侈，而是全心埋頭於數學研究中。從20歲到老年，他完成了非常多工作，不過他的工作室只有一張小小的工作桌、一張站立工作用的桌子，還有一張小小的沙發；而在70歲以後，也只是多了一張扶手椅、一盞有燈罩的燈，而且還只是住在一間沒有暖爐的寢室。對高斯來說，生活的必需品只有粗茶淡飯、家居衣、天鵝絨的帽子而已。

巨額的拿破崙稅

不久後，擊敗了普魯士軍（斐迪南公爵率領的軍隊）的拿破崙軍以「戰爭需要」為由，命令高斯繳稅：「既然是天文臺臺長的話，就捐個2000法郎吧！」法國的拉普拉斯（Pierre-Simon Laplace，1749年～1827年）知道這件事後，想要幫高斯付這筆款項。高斯覺得這樣不妥，便婉拒了拉普拉斯。不過後來有聽聞這件事的市民，匿名替高斯支付了這筆款項。因為是匿名，所以高斯也沒辦法拒絕。

天文臺臺長的話，應該可以搜刮到不少錢吧！

巨星殞落

1855年2月23日，史上最厲害的數學家於77歲結束生命。在他活著的時候，已被盛讚為「歐洲第一的數學家」；在高斯的子孫發表他的日記之後，高斯的名聲又達到了另一個高峰。

捲入法國大革命
的數學家們

革命改變了
許多數學家的人生！

　　巨星歐拉去世後不久的1789年，法國大革命爆發了。可能會有人想問「革命和數學有什麼關係」，但對當時的數學家而言，法國大革命大幅左右了他們的命運。

　　法國在大革命及其數十年的過程中經歷了內部鬥爭、拿破崙的榮光與沒落，以及後來的國王復辟，在新舊體制之間來回變動，是個瞬息萬變的時代。第六章將介紹在這樣的時代下，夾縫中求生的法國偉大數學家。

　　法國大革命及其數十年的口號是「自由、平等、友愛」（Liberté, égalité, fraternité。過去「fraternité」曾翻譯為「博愛」，但現在大多認為這個翻譯有誤）。然而，革命初期原本沒有用到「友愛」這個口號，而是使用「自由、平等、財產」。換言之，法國大革命的主要目標是「自由、平等」。

　　在當時的法國，國王之下的第一階級為僧侶（聖職者），第二階級為貴族，其他所有人皆屬「第三身分」。也就是說，有99%以上的人屬於第三身分，而且只有第三身分的人需要納稅；貴族不僅不需要納稅，還獨占了國家的高級官職，並透過濫用職權私吞了龐大的稅金收入。第一、第二階級簡直就是「特權身分」，讓第三階級的人十分厭惡。

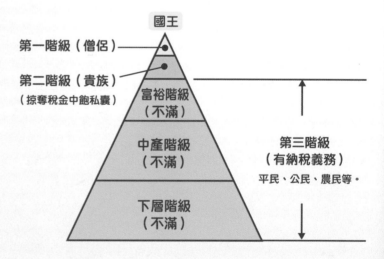

　　其中，第三階級的富裕族群（新興的資產階級）擔心自己累積的財富被貴族搶走，於是煽動其他第三階級的人民發起法國大革命。

　　通常世界史的教科書只會寫「1789年法國大革命」，要學生把1789年這個革命發生的時間背下來。但事實上在1789年之後，激進派與穩健派的爭鬥，以及復辟派的反彈，使勢力分布劇烈變動，形成了一場血流成河的權力鬥爭。

　　在革命浪潮下，法國的著名數學家們一個個被捲入爭鬥中。有人因此殞命，有人為了存活下來而反覆向不同的當權者宣誓效忠；有人在死前才戲劇的獲得解放，有人則是多次進出監牢後，在決鬥中失去年輕的性命。

　　為了「自由、平等」中的平等精神，革命後的人們認為「同樣的罪，應使用同樣的處刑」，於是採用可瞬間使人從痛苦中解放的「斷頭臺」來行刑。當時作為「機械專家」的國王路易十六世（Louis XVI，1754年～1793年），還曾為斷頭臺的設計提供建議。然而國王自己的性命，最終也消逝在改良後的斷頭臺上。

達朗伯特

我的母親是無名的玻璃工人之妻

成為法國革命前奏的《百科全書》

● 1717 年 11 月 16 日～ 1783 年 10 月 29 日

讓·勒·朗·達朗伯特（Jean le Rond d'Alembert）是法國數學家、哲學家、物理學家。達朗伯特與狄德羅（Denis Diderot，1713年～1784年）同為「百科全書」派的核心人物。《百科全書》指的是一套1751年到1780年之間發行，由184名作者執筆的套書，內容包括天文、數學、植物、力學等最新科學技術，一直到歷史、貨幣、法律、美，以及神學、哲學等，可說是法國的「知識集大成」。百科全書的編寫不僅是一大思想運動，也被視為法國大革命的準備。

剛出生便遭遺棄

　　達朗伯特從呱呱墜地的那一刻起，便開始了波瀾萬丈的人生。他的生母是活躍於巴黎沙龍界的唐森女士（Claudine Alexandrine Guérin de Tencin，1682年～1749年），唐森卻在達朗伯特誕生後，立刻把他丟棄在塞納河北岸西堤島（City island）的聖讓勒朗教會（Saint-Jean-le-Rond de Paris，現已不存在）臺階上。

　　達朗伯特的父親不詳。不過當時的砲兵隊長德圖什（Louis-Camus Destouches，1668年～1726年）知道達朗伯特被丟棄後，便用盡一切辦法找出達朗伯特，將他寄養在玻璃工夫婦家庭中。德圖什不僅提供達朗伯特需要生活費、教育費，讓他在金錢上沒有困擾，甚至死後還把遺產分給他。由德圖什的搜索、金援行為，可以推測德圖什很可能就是達朗伯特的親生父親，只是達朗伯特從來沒有稱他為父親。

在達朗伯特成為著名數學家後，他的生母親唐森女士曾自己表明身分，但達朗伯特回答「我的母親只是名無名的玻璃工人之妻」。

主要作為洗禮堂的聖讓勒朗教會。
上圖為1737年達朗伯特出生時的教會模樣。
出處：VVVCFFrance
左圖為1500年左右的教會。

成為沙龍裡的人氣王

若弗蘭夫人在沙龍中的樣子。

達朗伯特曾被巴黎社交界著名的若弗蘭夫人（Marie Thérèse Rodet Geoffrin，1699年～1777年）邀請去她的「沙龍」。不過在那個沙龍中，達朗伯特並不是一個頑固的數學家，而是一位憑著模仿他人引人發笑的大紅人，達朗伯特也在這裡找到了許多知己。

為什麼達朗伯特會被叫來若弗蘭夫人的沙龍呢？事實上，這是若弗蘭夫人繼承自達朗伯特的生母——唐森女士的沙龍，所以這也可能是唐森女士的安排。

嶄露頭角

達朗伯特6歲就讀小學時，德圖什經常拜訪他的學校宿舍，並在此時已經注意到達朗伯特天才般的能力。10歲時，達朗伯特的老師對他說「我已經沒有東西可以教你了」，於是讓達朗伯特特別入學至四區學院（Collège des Quatre-Nations，後來的法蘭西學院）就讀。

後來，達朗伯特向法國科學院交了許多論文，並在1740年時被選為法國科學院的補助會員；1743年隨著《動力學論》（Traité de dynamique）發表，達朗伯特更在歐洲一躍成名。在這之後，達朗伯特便投入了《百科全書》的編寫。

總執筆者184人的《百科全書》出刊

《百科全書》原本計畫要翻譯或模仿由英國錢伯斯（Ephraim Chambers，1680年～1740年）編寫的《百科全書暨科學與藝術通用辭典》（Cyclopædia, or an Universal Dictionary of Arts and Sciences）。但在經過一段曲折離奇的過程後，被指名負責這件事的狄德羅建議「不要用翻譯的，而是要蒐集並整合更多事物，編寫出一套全新的百科全書」，並提議邀達朗伯特共同編輯。

《百科全書》的封面（1751年～1780年）。

達朗伯特涉獵的知識相當廣泛，負責執筆法學、哲學、數學、物理學等150個項目。相較於由錢伯斯一人編寫的百科全書，法國這套全名為《百科全書暨科學、藝術與工藝詳解辭典》（Encyclopédie, ou dictionnaire raisonné des sciences, des arts et des métiers ）的百科全書，作者達到184人，其中也包括了孟德斯鳩（Montesquieu，1689年～1755年）、盧梭（Jean-Jacques Rousseau，1712年～1778年）等名人，蒐羅了18世紀的尖端科學技術知識。

最終這套高達7萬條條目、總計28冊的《百科全書》，耗時20年以上才完成，初版就發行了在當時相當罕見的4250套，並且在整個歐洲大獲好評。

法國啟蒙思想的守護者，龐巴度夫人（Madame de Pompadour，1721年～1764年）的肖像畫，她手裡拿著的就是《百科全書》。

《百科全書》打破了古老的價值觀，告訴當時的人們什麼是合理的思考方式，所以《百科全書》的出版本身就帶有政治意義。雖然達朗伯特在法國大革命爆發前6年就去世了，不過《百科全書》的主要購買者並非當時的特權階級（貴族、僧侶），而是逐漸抬頭的新興資產階級（屬於第三階級），他們也成為後來推動法國大革命的人。

引領近代科學界的
英國皇家學會 vs 法國科學院

● 英國王家學會

世界上最古老的學會是成立於1660年，由英國格雷沙姆學院（Gresham College）以「不崇尚權威，而要以證據（實驗或觀測）確定事實」為主旨而誕生的皇家學會（Royal Society）。皇家學會的名稱中雖然有「皇家」，卻是依靠會員繳納的高額會費經營，第一次聚會的參加者共有12人。皇家學會設立時還沒有「科學家」這個職業，會員多為外交官、政治家、醫生、商人、軍官等，許多與科學沒什麼關係的人。

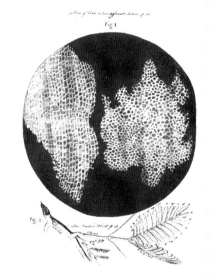

虎克的軟木塞素描。

1662年，皇家學會聘用虎克（Robert Hooke，1635年～1703年）擔任實驗主任。虎克在每週三的聚會上會演示一些有趣的實驗，讓會員度過一段愉快的時間。後來虎克被允許不用繳納會費，還得到了大學的教授職位。就這層意義而言，虎克可以說是史上第一位靠科學生活的人。虎克留下了與彈簧伸縮有關的「虎克定律」，還畫出了在顯微鏡底下看到的軟木塞，裡頭有一個個小房間（cell，也就是後來的「細胞」），在物理學、生物學上都做出了很大的貢獻。

但牛頓（參考第84頁）與虎克卻對彼此抱有敵意。西元1703年虎克死後，牛頓就任皇家學會會長，隨即將皇家學會本部搬離擁有濃厚虎克氣息的格雷沙姆學院。虎克的實驗工具、肖像畫在這次轉移過程中也全數消失。同時，牛頓開始貶低虎克重視的「實驗科學」，使「理論科學」成為學會的主角。

牛頓在此後持續擔任會長長達24年，並規定（1）不能坐在比會長（牛頓）地位更高的位子、（2）會長說話時，禁止私下交談。隨著牛頓派的會員持續增加，皇家學會也充滿了「牛頓崇拜」的氣氛。

● 法國科學院

1666年，法國財政部長柯爾貝（Jean-Baptiste Colbert，1619年～1683年）建議「應促進並保護法國的科學研究」，於是路易十四世設立了「法國皇家科學院」（Académie royale des sciences），也稱做法國科學院。相較於英國皇家科學會是由民間有志人士集資設立，法國科學院則是正式的國立機構。

法國科學院設立了天文學、幾何學、化學、解剖學、植物學等部門，選出22名學者擔任要職。其中唯一的外國人，正是後來指導萊布尼茲（參考第93頁）數學的荷蘭數學家惠更斯（惠更斯同時也是英國皇家學會的會員）。18世紀末以前，法國科學院在歐洲科學界獨占鰲頭。

西元1671年太陽王路易十四參觀法國科學院。

不過在法國大革命爆發後的1793年，法國科學院暫停營運，直到1795年才重新設立，並置於法蘭西學院（Institut de France）底下。拉格朗日（Joseph-Louis Lagrange，1736年～1813年）、蒙日（Gaspard Monge，1746年～1818年）、拉普拉斯、傅立葉（Joseph Fourier，1768年～1830年）、勒讓得等數學家皆曾是會員。

● 普魯士科學院

在數學家萊布尼茲的建議下，腓特烈一世（Frederick I of Prussia，1657年～1713年）在1700年於柏林創立「布蘭登堡選帝侯科學會」，並於1701年改名為普魯士科學院（Prussian Academy of Sciences），第一任會長為萊布尼茲。普魯士科學院的特色是同時進行自然科學（物理學、數學）、人文科學（哲學、史學）兩方面的研究。著名會員包括歐拉（參考第112頁）、孟德斯鳩、狄德羅、康德（Immanuel Kant，1724年～1804年）、伏爾泰（Voltaire，1694年～1778年），以及愛因斯坦（Albert Einstein，1879年～1955年）。

Lagrange

拉格朗日

聳立於數學世界的高大金字塔

● 1736年1月25日～1813年4月10日

約瑟夫・路易・拉格朗日（Joseph-Louis Lagrange）出生於薩丁尼亞王國（現屬義大利）的杜林，是數學家、天文學家，也是物理學家。拉格朗日主要貢獻在於運用微積分重新整合了力學概念，發展出了「分析力學」。此外，他也證明了五次以上的方程式不存在根式解（見譯註），在伽羅瓦（Évariste Galois，1811年～1832年）發展出「群論」以前，他做過相關的前導研究，被認為是18世紀時可與歐拉並列的偉大數學家。

譯註： 有根式解指的是solution in radicals，表示「可透過只用四則運算與根號表示的公式求出答案」。本書之後提到的「有公式解」、「有代數性的公式解」都是「有根式解」的意思。

從沒被他人討厭過的人生

　　拉格朗日的父母是法裔義大利人，拉格朗日是11名兄弟姊妹中的老么，但11人中只有拉格朗日活到成人。拉格朗日的父親繼承了大筆遺產，卻因為投資錯誤而一貧如洗。拉格朗日曾說過：「要是還有留資產給我的話，我就不會走上數學這條路了吧。」

　　拉格朗日在讀了哈雷（Edmond Halley，1656年～1742年）介紹牛頓微積分的書籍後，便沉浸在微積分的世界。不久後，19歲的他就寫下了《分析力學》（Mécanique analytique）的原稿，但這本書卻直到1788年，拉格朗日過了50歲後才出版。《分析力學》被評為最好的數學書籍之一，甚至後來英年早逝的伽羅瓦（參考第165頁）也為它深深著迷。

不過，同一本書的序言中有提到「本書一張圖都沒有」，似乎是因為拉格朗日年輕時就討厭幾何學的緣故。

備受喜愛

許多數學家因為法國大革命的急遽進展、恐怖統治，以及保王派的逆襲，人生顛沛流離，甚至面臨死亡危機；即使偶爾運氣好被授以要職，也可能不久後就被流放，甚至被送上斷頭臺。幸運的是，拉格朗日因為個性溫和、極少樹敵，直到最後都過著安穩的生活。

●歐拉對他說「請你早我（歐拉）一步發表研究成果」，給了拉格朗日受學界讚賞的機會。

●普魯士科學院趕走外國人會員時，只有拉格朗日因為受該院喜愛而持續受到禮遇。

●法國王妃瑪麗‧安東尼（Marie Antoinette，1755年～1793年）常邀請拉格朗日參加派對。

●拉格朗日56歲時，接受了比他年輕許多的女性求婚，並過著幸福快樂的日子。

●拿破崙曾說「拉格朗日是數理科學中高聳的金字塔」，並授予他議員、伯爵的地位，遠征埃及時也帶著拉格朗日前往。

我想招待拉格朗日過來。

瑪麗‧安東尼
（曾是她的數學老師）

遠征埃及時也要帶上拉格朗日！

拿破崙

共和國不需要化學家？

後來，拉格朗日遇見了提出著名「質量守恆定律」、人稱「近代化學之父」的化學家——拉瓦節（Antoine Lavoisier，1743年～1794年），並與之成為好友。認識了拉瓦節後，讓拉格朗日感受到「未來將是化學的時代」，也逐漸對失去了對數學的熱情。與

備受眾人喜愛的拉格朗日不同，拉瓦節雖然是偉大的化學家，卻也是個被市民討厭的稅務官。拉瓦節在家境原本就很富有的情況下，仍花費大量稅金收入來購買實驗器材，最終導致他在1794年被民眾送上斷頭臺。據說當時法官甚至以「共和國不需要化學家」為由，駁回了拉瓦節想延後死刑好完成實驗的請求。

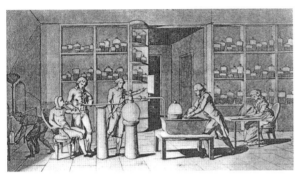

1770年代，拉瓦節進行與呼吸有關的實驗。

拉格朗日的名言

砍掉拉瓦節的頭腦只要一瞬間，
但要等待下一個和他一樣的頭腦出現，
卻需要 100 年。

拉格朗日　Lagranget

數學貢獻

　　拉格朗日提出「五次以上的方程式無代數性的解」的說法，也就是說，無法只用四則運算或根號的方法寫出解答需要的公式；後來挪威的阿貝爾（Niels Henrik Abel，1802年～1829年，參考第161頁）也證明了這一點。

二體問題的穩定點

　　天文學中的星體問題，有所謂的二體問題、三體問題。

　　假設空間中除了地球與月球以外沒有其他星體（這樣就是二體），而且月球因地球引力而繞著地球轉，那麼我們可以簡單寫出此時軌道的解應為「橢圓運動」。

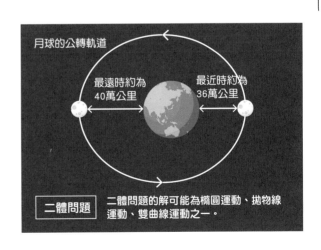

月球的公轉軌道

最遠時約為
40萬公里

最近時約為
36萬公里

二體問題　二體問題的解可能為橢圓運動、拋物線運動、雙曲線運動之一。

拉格朗日點

但如果星體不只兩個，而是3個的話，就會變成相當複雜的問題。所謂的「拉格朗日點」，就是3點之間可以取得重力平衡的「穩定點」。

假設空間中有地球、月球、星體X等3個星體，並且與地球、月球相比，星體X非常小，那麼星體X可以相對地球、月亮保持靜止的特定位置，就叫做拉格朗日點。三體問題中的拉格朗日點全部共有5個，1760年左

太空殖民地
地球與月球之間有5個拉格朗日點，未來人類可能會將這些地方當成殖民的候選基地，設置可供人居住的太空站。

右，歐拉發現了下圖L1至L3等三個點（在一直線上）；拉格朗日則發現了L4與L5兩個點（與L3形成正三角形）。進入20世紀後，美國的歐尼爾（Patrick O'Neal，1927年～1994年）提出，可以在這些點設置太空殖民地供讓人類居住的想法，拉格朗日點這個詞才開始受到大眾注意。

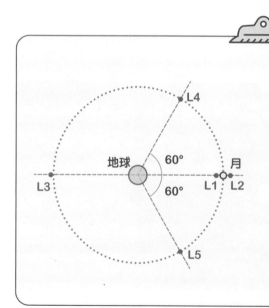

拉格朗日點
右方星體（例：月球）繞著中央星體（例：地球）公轉時，L1到L5的點為穩定點。

難解的三體問題
「三體」狀況下，就會變成非常複雜的運動。如果設定各種假設簡化條件，便有可能求得作為特殊解的拉格朗日點。

康多塞

爆發的
正義感

多數決是正確的嗎？

● 1743 年 9 月 17 日～ 1794 年 3 月 29 日

尼古拉・德・康多塞（Nicolas de Condorcet）是法國的數學家、政治家。他的名字原本為馬里・讓・安托萬・尼古拉・德・卡里塔（Marie Jean Antoine Nicolas de Caritat），但因為是「康多塞」侯爵領地的領主，所以才被人這麼稱呼。

康多塞認為「多數決」這種投票方式，可能會讓被最多人討厭（大家最不希望他當選）的人當選，也就是所謂的康多塞悖論（Condorcet paradox，又叫投票悖論）。

被當成女生養育的康多塞

康多塞出生於法國北部皮卡第（Picardie）地區的里布蒙小鎮，是貴族之子。不過康多塞剛出生不久，軍人父親就因為奧地利王位繼承戰爭（War of the Austrian Succession）而死亡。在康多塞 8 歲以前，母親一直把他當成女生撫養，讓他穿上純白色的衣服。也或許是因為這樣，康多塞從小就不會到處跑跳玩樂，是個相當內向的孩子。

> 康多塞的母親是虔誠的基督教徒，父親也有許多親戚有僧侶身分，因此當康多塞提出「想成為數學家」時，母親相當反對，後來康多塞只好投靠達朗伯特。

才能受到達朗伯特肯定

進入四區學院就讀的康多塞在1759年解開了分析數學的難題，獲得審查員達朗伯特的高度評價。後來，康多塞就在達朗伯特底下每天長時間學習數學。1765年，22歲的康多塞向法國科學院提出《積分論》（Essai sur le calcul intégral），並獲得達朗伯特、拉格朗日等人的稱讚，年紀輕輕就成了法國科學院的的會員。

提出《積分論》的康多塞獲得各方讚賞。

在巴黎的沙龍拓展人脈

達朗伯特不僅帶康多塞進入法國科學院，也帶他去沙龍。這段期間康多塞受到沙龍擁有者萊斯皮納斯小姐（Jeanne Julie Éléonore de Lespinasse，1732年～1776年）的幫助，不僅內向行為（譬如咬指甲等習慣）獲得改善，還認識了許多「百科全書派」的人。雖然康多塞不多話，但碰到與正義有關的事件時，偶爾會爆氣。

康多塞的人物評價

康多塞平常很安靜，但偶爾也是會爆氣。就像「被雪覆蓋的火山」一樣。

（達朗伯特的評價）

多數決真的正確嗎？

　　1774年，康多塞成為製幣局長官，並執筆寫作《百科全書》中與財政問題有關的條目。他希望能將數學應用在社會科學上，其中最有名的例子就是「多數決悖論」（投票悖論）。

若計算3位候選人得到「第一名」的數量如下：

	X 候選人	Y 候選人	Z 候選人
A選民	第一名	第二名	第三名
B選民	第三名	第一名	第二名
C選民	第一名	第三名	第二名
D選民	第三名	第一名	第二名
E選民	第三名	第二名	第一名
F選民	第一名	第二名	第三名
G選民	第三名	第二名	第一名

X候選人　　Y候選人　　Z候選人

如果以多數決決定，則X候選人會當選。但這真的是民意嗎？

（1）若以多數決決定，看誰的「第一名」最多，則「X候選人」贏得選舉！

（2）但「X候選人」的「第三名」也最多。換言之，最多人「最不希望X當選」。

（3）兩兩對決情況下，X與Y對決時，Y贏得選舉；X與Z對決時，Z贏得選舉。X皆輸掉選舉。

由此可以看出，最少人希望X當選，不管是X與Y對決，還是X與Z對決，X都會輸掉選舉。但在Y與Z皆不退選的情況下，最不受支持的X卻當選了。這就是康多塞提出的多數決悖論。

※2000年在高爾（George Walker Bush，1946年～）對上小布希（Al Gore，1948年～）的美國總統大選中，因為綠黨的納德（Ralph Nader，1934年～）參選，導致了多數決悖論描述的現象。

康多塞●Condorcet

一針見血指出社會問題

　　在法國大革命爆發的1789年，康多塞針對教育政策提出了教育免費化、男女共學等意見。他還反對對遊民執行五馬分屍的刑罰、創立「黑人之友會」等，把焦點放在社會弱勢上。

隨著法國大革命的進行，他的立場也從立憲派，陸續轉變成共和派、廢除君主制派，後來還被選為國民公會的議員。然而，參與政治這件事卻打亂了康多塞的人生。

當時康多塞主張「議會沒有司法權」，而反對處刑國王路易十六，卻因此被視為「吉倫特派」成員。政變後，吉倫特派陸續遭逮捕，康多塞也受到波及而被通緝，於是開始了逃亡生活。

時間一久，不僅康多塞的妻子要求離婚，康多塞自己也害怕給避居他處的家人帶來麻煩，決定停止逃亡、束手就擒。最後，康多塞在牢中服下毒藥自殺（也有人說他是病死）。

康多塞的命運，可說是一直隨著法國大革命飄搖擺盪。

關心並點出
社會問題

● 反對五馬分屍刑罰
● 反對奴隸買賣

康多塞

主張
提供平等的
教育機會

● 男女共學
● 教育免費化
● 國家權力不應
　介入

「逐漸被捲入「動亂的時代」

立憲派（設立「1789年俱樂部」）

成為共和主義者（維持君主制）

廢除君主制派（因為國王逃亡）

被選為國民公會的議員

反對處刑路易十六（後來仍執行死刑）

提出憲法草案（遭敵對勢力修改）

吉倫特派陸續遭逮捕

結束逃亡生活後遭逮捕、死亡

Monge

高低起伏的人生

蒙日

畫法幾何學創始人

● 1746 年 5 月 9 日～ 1818 年 7 月 28 日

　　加斯帕・蒙日（Gaspard Monge）是法國的數學家、工程師，也是理工領域學校「巴黎綜合理工學院」（École Polytechnique）的創辦人。他試著將三維立體圖形投影在二維平面上，進而開創出研究形狀、大小、位置的幾何學，因此被稱做「畫法幾何學創始人」。蒙日不僅曾經為了保護法國不被外國侵略，辛勤的到工廠指導工人，教育上也很認真而深受學生喜愛。

蒙日的出身

　　蒙日在法國博訥（Beaune）出生，父親是刀具研磨師。

　　蒙日年幼時就發揮出了天才潛力，他似乎能在腦中直接浮現出想像中的畫面。14歲時，蒙日就在沒有任何圖畫輔助的情況下，製作出消防幫浦；16歲時，他製作了博訥市的地圖。看到這張地圖的軍官，成功說服蒙日的父親讓他就讀士官學校。不過，士官學校原本是「上流階級的學校」，低階

級出身的蒙日無法以一般生身分入學，只能以類似旁聽生的身分入學。或許是這件事，讓蒙日對特權階級產生了反抗心理。

蒙日的畫法幾何學

進入士官學校就讀後，蒙日拿到一個與要塞設計有關的計算題目，並在令人難以置信的極短時間完成。這就是蒙日「畫法幾何學」（descriptive geometry）的開端。所謂的畫法幾何學，是將三維的立體圖形，畫成二維平面圖形（投影）的技法。這個概念最初由德國畫家兼數學家的杜勒（Albrecht Dürer，1471年～1528年）提出，但在蒙日手上才完成，因此蒙日也被稱做「畫法幾何學創始人」。使用蒙日的方法，便能在二維平面上以真正的大小、形狀，呈現出三維物體的每個側面。後來蒙日也因為這個成果，獲得了士官學校教授的位置。

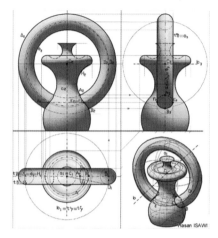

畫法幾何學的例子。（出處：Hasan ISAWI）

獲得新朋友支持

蒙日在法國科學院獲得了許多知己。

蒙日在法國科學院提出的曲率等論文，獲得達朗伯特、康多塞、拉普拉斯等人的認同，最後在34歲時（1780年）成為了法國科學院的會員。在他43歲時法國大革命爆發，蒙日參加了革命鬥爭，並在康多塞的拜託下參與了吉倫特派內閣，以議員的身分做出許多貢獻。

革命後的軍事危機

法國大革命後，在國際上處處樹敵，連英國也成為了敵人。因而面臨了英國產的鐵、英屬印度產的硝石等軍事物資都遭到斷貨的困境。

再加上隨著法國大革命爆發，法國國內逐漸出現「人民皆平等」、「打破貴族階級」的聲音，周邊各國擔心自己國內會被革命浪潮波及，屢找機會以軍事介入法國政治。雖然法國革命政府大喊要打倒列強，但戰爭需要的鐵（需要精鍊技術）與火藥（硝石原料）皆仰賴英國供應，偏偏英國此時成為了敵國，使得軍事物資調度成為了首要之務。

法國大革命後，法國四面楚歌。

對武器開發的貢獻

蒙日不只擅長純數學的領域，他在應用數學領域上的才華也在此時發揮出來。蒙日在辭去內閣成為軍事工廠負責人後，想到了精鍊鐵的新方法，並提議在法國各地生產火藥原料——硝石。

1580 年左右製造硝石的景象 ——工作人員蒐集由堆積物發酵生成的硝酸鉀，再送至工廠（A）的鍋爐濃縮。

蒙日　Monge

用小便製造硝石（硝酸鉀）

利用以下名為「硝石丘法」的方法，共需要5年的時間，土壤中才會有濃度2～3%的硝石，達到足以開採的程度。在日本江戶時代末期，也曾運用這種方法製造硝石。

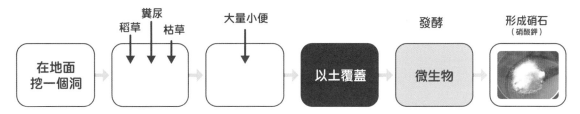

被發布通緝令！

法國國內的激進派羅伯斯比爾（Maximilien Robespierre，1758年～1794年，雅各賓黨）發起了「抓捕吉倫特派」行動；1794年，政府發出了對蒙日的通緝令。此時蒙日卻對此一無所知，仍為了拯救法國而在工廠不眠不休的指導工人工作，但在「即將被逮捕」的前一刻，發生了熱月政變（1794年7月）——羅伯斯比爾等激進派反遭肅清、掃蕩。幸運的蒙日就這麼死裡逃生。

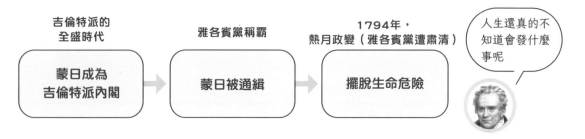

致力於指導後進

熱月政變後，政府為了培養科技人員，設立了巴黎綜合理工學院，並在1794年任用蒙日為教授。蒙日除了將擅長的畫法幾何學與解析幾何學教導給學生，並致力於這些學問的應用外，他也在1795年於巴黎高等師範學院（École normale supérieure）開設「畫法幾何學」課程、1801年開設「幾何學中的應用解析學」。

在失智症中迎來死亡

蒙日後來跟隨拿破崙遠征埃及、挖掘調查古文物，拿破崙也任命蒙日為國會議員。但在拿破崙失勢後，這些事蹟卻害蒙日遭受復辟的波旁王朝敵視，並慘遭流放。此後，蒙日因為對世局有深深的無力感，最終以失智狀態迎來死亡。作為吉倫特派成員，雖然他躲過了逮捕，卻因為與拿破崙走得太近，而迎來不幸的結局。

不著痕跡描繪出魔方陣的杜勒

專欄 **9**

　　雖然蒙日被稱做「畫法幾何學創始人」，不過在他誕生的200年前，就已經有一位畫法幾何學先驅了，那就是德國數學家兼畫家的杜勒（Albrecht Dürer，1471年～1528年）。杜勒的代表畫作《憂鬱》（Melencolia）中，就包含了沙漏、球、天秤等許多科學、數學要素。

　　不過，這幅畫的重點並不是這些東西，而是畫中右上角的「魔方陣」。魔方陣中每一直行數字的和、每一橫列數字的和，以及每一斜排數字的和都會相同。而且與3×3的魔方陣相比，4×4魔方陣的難度高了許多。杜勒在1514年繪製的《憂鬱》中，不著痕跡的把魔方陣畫了進去，由此可見杜勒數學家的一面。

3×3 魔方陣

8	1	6	15
3	5	7	15
4	9	2	15

15　15　15　15　　15

「魔方陣」才是正確名稱，「魔法陣」是錯的。

4×4 魔方陣

16	3	2	13	34
5	10	11	8	34
9	6	7	12	34
4	15	14	1	34

34　34　34　34　34　　34

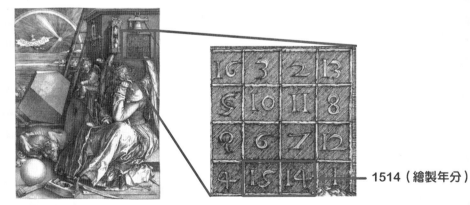

1514（繪製年分）

Laplace

拉普拉斯

超討厭圖

被稱做法國牛頓的男人

● 1749 年 3 月 23 日～ 1827 年 3 月 5 日

皮耶—西蒙·拉普拉斯（Pierre-Simon Laplace）是法國數學家、物理學家、天文學家，著有《天體力學論》（Mécanique céleste）與《機率的解析理論》（Théorie analytique des probabilités）。拉普拉斯曾提出一個被後世稱為「拉普拉斯的惡魔」的概念，認為如果存在一個能知道某瞬間下所有資訊（原子的位置與動量）的全知全能惡魔，那麼祂就可以透過物理定律，完全預測這個瞬間之後發生的所有事情。此外，拉普拉斯還發現了貝氏統計學的定理，並將其系統化。

生平

人們對拉普拉斯的童年幾乎一無所知，只知道他是一名農家子弟，出生於法國諾曼第的博蒙（Beaumont-en-Auge）地區。因為拉普拉斯小時候很會讀書，所以得到了富人的援助，並以學習神學為目的進入卡昂大學（University of Caen Normandy）就讀。拉普拉斯進入大學後，受到老師呂卡紐（Pierre Le Canu）的影響，開始對數學產生興趣。

在拉普拉斯19歲或20歲時，他開始有了「支配數學界」的抱負，於是他拿著呂卡紐的介紹信拜訪了達

諾曼第地區

法國

朗伯特（參考第130頁），但卻沒能和達朗伯特好好說上話。此時拉普拉斯頓悟「根本沒必要用到介紹信」，於是回到宿舍後馬上把自己心中所想的「力學原理」寫出來，交給達朗伯特，終於獲得認同。

　　數日後，拉普拉斯獲得了達朗伯特的推薦，得到了巴黎陸軍士官學校數學教授的職位。

論文魔人

　　拉普拉斯陸續向法國科學院提交許多論文，在24歲時就獲選法國科學院會員。1783年拉普拉斯就任皇家砲兵學校的測驗官，而當時的考生之一，就是後來成為砲兵隊長又當上皇帝的拿破崙。

　　在拉普拉斯40歲的1789年，法國大革命爆發，然而拉普拉斯並沒有積極參與革命行動，只在表面上假裝服從革命政府的作為。

　　1794年熱月政變爆發，激進派的羅伯斯比爾倒臺後，拉普拉斯成為了巴黎高等師範學院的數學教授。1799年的霧月政變

1794年熱月政變時，國民警衛隊向羅伯斯比爾開槍。

拉普拉斯　Laplace

後，拿破崙掌握實質政權，任命拉普拉斯為內政部長，但他的行政能力實在不怎麼樣，因此馬上就被解任。

《天體力學論》的重點是什麼？

　　拉普拉斯在《天體力學論》中，主要討論一個問題——我們所在的太陽系是穩定還是不穩定狀態呢？在拉普拉斯以前，拉格朗日也曾想過太陽與行星重力的穩定性，而拉普拉斯則將這個構想推廣到整個太陽系，提出「月球會離地球越來越近還是越來越遠？」、「水星是否會遠離太陽，來到木星周圍嗎？」等問題。

牛頓認為宇宙的造物主（神）會把太陽系打理得很好。相較於此，拉普拉斯則在《天體力學論》中透過分析太陽系各星體的重力，證明「太陽系維持在穩定狀態」；也透過運動分析及實測，否定「乙太」的存在。

只要擁有所有資訊，就可以推測出未來的樣子。

與拿破崙的《天體力學論》問答

拉普拉斯將《天體力學論》上呈給拿破崙時，拿破崙問了他這個問題：

「拉普拉斯啊，這本厚重的書中，為什麼一句話都沒有提到宇宙造物主（神）的存在呢？」

拉普拉斯這樣回答：

宇宙的造物主存在嗎？

不需要這個假說

這還真是個美麗的假說呢

拿破崙　　拉普拉斯　　拉格朗日

「陛下，因為不需要（神的存在）這個假說。」

據說後來，拿破崙也刻意問了拉格朗日（參考第135頁）同樣的問題。而拉格朗日則在臨機應變下這樣回答：

「陛下，那還真是個美麗的假說。」

由這簡短的問答，可以看出拉普拉斯與拉格朗日的性格差異，以及拿破崙喜歡惡作劇的一面。

另外，由於拉普拉斯十分討厭圖，在他的鉅著《天體力學論》中一張圖表都沒有。

善變的拉普拉斯

拉普拉斯在另一個代表作《機率的解析理論》中，寫了這樣的謝詞「獻給偉大的拿破崙皇帝……（略）……來自卑賤而順從的僕人、忠誠的微臣，拉普拉斯」（出自《機率論史》（A History of the Mathematical Theory of Probability: From the Time of Pascal to That of Laplace），托特夯特（Isaac Todhunter，1820年～1884年）著），表達出了最高級的尊敬之意。

不過在拿破崙的俄羅斯遠征失敗後，拉普拉斯隨即一改過去態度，贊成拿破崙退位。路易十八世（Louis XVIII，1755年～1824年）即位時，拉普拉斯也立刻宣誓效忠，還將《機率的解析理論》中獻給拿破崙的謝詞全數刪除。

拉普拉斯就這樣，漂亮的熬過了法國革命的波濤。

Fourier

傅立葉

惹人喜愛
的牆頭草？

以傅立葉級數著名

● 1768 年 3 月 21 日～1830 年 5 月 16 日

　　尚·巴蒂斯特·喬瑟夫·傅立葉（Jean Baptiste Joseph Fourier）是法國的數學家、物理學家。他研究固體的熱傳導，推導出了熱傳導方程式（微分方程式）。傅立葉在分析熱傳導問題時，試著用三角函數的和來表示週期函數。如果將這種方法推廣到非週期函數，就是「傅立葉轉換」。

成長背景

　　傅立葉誕生於巴黎東南方160公里處的歐塞爾（Auxerre），是裁縫師家中的第九個孩子。在他8歲時父親過世，孤兒傅立葉改由當地主教照顧（也有其他說法），後來在教會安排下進入當地的陸軍幼年學校就讀。據說，傅立葉的個性相當惹人喜愛。

　　傅立葉很早便展露出了數學才能。畢業後曾以進入陸軍士官學校為目標，但因為身分限制（士官學校僅限貴族就讀），只好進入修道院。即使修行過程艱苦，他對數學的熱情仍未見削減。

革命帶來的「自由」

如果時代沒有出現巨變，傅立葉大概會以修道士的身分終老吧。不過1789年時發生了法國大革命，21歲的傅立葉因為身分制度而被釋放。隨後傅立葉當上教師，並被選為歐塞爾革命委員會的委員長。然而，後來他與激進派的羅伯斯比爾反目，並遭到後者逮捕。

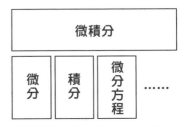

傅立葉離開修道院，在巴黎當老師。

革命政府在革命初期抱持著「共和國不需要科學家」的態度，處死了拉瓦節等科學家。但後來政府開始理解到科學技術與教育的必要性，便在1794年10月設立了教師養成機構巴黎高等師範學院。傅立葉雖然因此獲得了一份教職，但這間學校卻在隔年5月遭到廢校，直到1808年才由拿破崙復校。當時在好友蒙日（參考第143頁）的邀請下，傅立葉來到同樣在西元1794年設立、首任校長為拉格朗日的巴黎綜合理工學院擔任微積分教師。

傅立葉 ● Fourier

滯留當地的埃及遠征

1798年，拿破崙率領了5萬大軍遠征埃及，目的是切斷英國的財富來源、透過壓制埃及這個英國與印度的通道，削減英國的利益。此時，喜歡科學、數學的拿破崙命令拉格朗日、蒙日、化學家貝托萊（Claude Louis Berthollet，1748年～1822年），以及傅立葉等167名科學家、技術人員一同前往埃及，希望他們協助記錄埃及的歷史遺產。

雖然拿破崙只花了3週就控制了整個埃及，但在海上，法國艦隊卻在阿布吉爾灣（Abu Qir Bay）遭到英國海軍納爾遜提督（Horatio Nelson，1758～1805年）殲滅；陸地上也遭受前來支援的22萬鄂圖曼土耳其軍隊反擊。後來法國本土還遭受英國、奧地利的攻擊，拿破崙被迫於1799年8月急速趕回巴黎。此時拉格朗日、蒙日等部分人員隨之同行，傅立葉等多名科學家則與大多數軍人一同留在埃及。直到1801年法國敗戰，傅立葉才得以回國。

隨著政權更迭而改變陣營

傅立葉回到法國後，拿破崙命令他擔任伊澤爾省省長，並封他為男爵。傅立葉以行政官的身分鼓勵人民開發沼澤地區，在數學領域中也發表了傅立葉級數等理論，過著充實的人生。

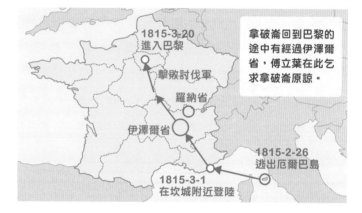

拿破崙回到巴黎的途中有經過伊澤爾省，傅立葉在此乞求拿破崙原諒。

不過，當災難隨著時代改變襲來時，傅立葉也迅速改變了他的立場。過去提拔傅立葉的拿破崙敗給了聯軍，被流放到厄爾巴島（Elba），於是傅立葉便宣誓效忠聯軍擁戴的路易十八世（波旁王朝復辟），並被任命繼續擔任伊澤爾省省長。

不過，路易十八世的統治飽受批評。而在「後拿破崙」時期各國秩序尚未穩定，拿破崙又伺機逃出了厄爾巴島，緊接著率領軍隊勢如破竹的往巴黎前進。於是傅立葉又投向拿破崙陣營（還被任命為羅納省省長）。

平安度過晚年

拿破崙雖然重新掌權，但政權只維持了百日。拿破崙這次戰敗後，傅立葉也跟著被流放。幸好，傅立葉過去的一位學生夏布洛（Gaspard de Chabrol，1773年～1843年）此時正好在政府擔任省長，他委託傅立葉出任統計局局長，這才讓傅立葉能安穩度過晚年。

傅立葉的數學家人生因革命而展開，先是被留在埃及做研究，接著又被任命為省長，成為繁忙的行政官員。而在這之間他仍保持著數學家的身分，每天鑽研數學，最後則因為惹人喜愛的性格，而能安穩度過晚年。

傅立葉轉換

心跳波形、腦波、聲紋、地震波、電波等，波形常相當複雜（複雜的函數圖形）。不過這些複雜的波形可以分解成多個sin（正弦函數）或cos（餘弦函數）等三角函數；反過來說，sin或cos等三角函數可以組合出複雜的波形。這個過程就叫做「傅立葉轉換」。

傅立葉為了解開固體內的熱傳導方程式，提出了用簡單的sin或cos等三角函數分解複雜週期函數的方法（傅立葉轉換）。現在耳機的降噪功能，以及jpeg壓縮方式，都會用到傅立葉轉換。

傅立葉 Fourier

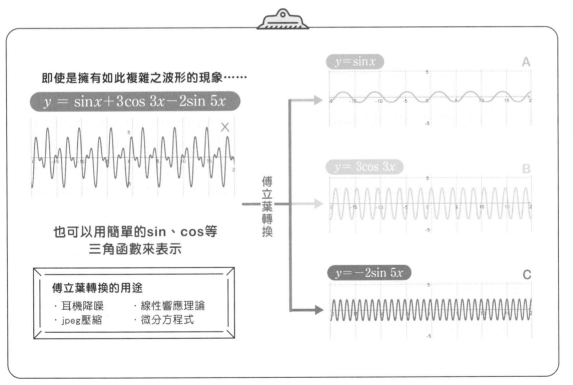

即使是擁有如此複雜之波形的現象⋯⋯

$$y = \sin x + 3\cos 3x - 2\sin 5x$$

也可以用簡單的sin、cos等三角函數來表示

傅立葉轉換的用途
・耳機降噪　　・線性響應理論
・jpeg壓縮　　・微分方程式

$y = \sin x$ 　A

$y = 3\cos 3x$ 　B

$y = -2\sin 5x$ 　C

傅立葉轉換

柯西

不擅長應對優秀的年輕人？

數學分析的泰斗

● 1789年8月21日～1857年5月23日

奧古斯丁—路易·柯西（Augustin Louis Cauchy）是法國數學家，誕生於法國大革命爆發5週的巴黎。雖然柯西對阿貝爾與伽羅瓦的態度很差，但他仍是解析學的泰斗。

從巴黎逃往阿爾克伊

　　柯西家族為了躲避法國大革命的紛亂，從巴黎逃到了2公里外的阿爾克伊（Arcueil）。阿爾克伊生活著許多數學家、科學家，在這些人中認識柯西的父親，又最早注意到柯西非凡才能的人，就是拉普拉斯。此外，化學家給呂薩克（Joseph Louis Gay-Lussac，1778年～1850年）、地理學家洪保德（Alexander von Humboldt，1769年～1859年）也與柯西家族相識。

阿爾克伊

法國

在飢餓狀態下辛苦活下去

柯西的父親弗朗索瓦（Louis François Cauchy，1760年～1848年）原本是一位代理警官的秘書，在法國大革命爆發時必須對革命政府隱瞞身分，因此柯西家族逃亡至阿爾克伊後，只能靠自給自足艱辛度日。雖然柯西在孩童期間時常挨餓，不過父親弗朗索瓦相當重視教育，會親身教導柯西歷史、公民、文法、拉丁語等科目，其中又最重視宗教。一般認為柯西之所以會成為一位狂熱的基督教徒，就是因為父親的教養。

柯西孩童時期常處於飢餓狀態，十分瘦小。

父親用自製的教科書教導柯西

柯西　Cauchy

讓拉普拉斯、拉格朗日大為驚訝

待在阿爾克伊的時期，柯西的父親常與住附近的拉普拉斯來往。當拉普拉斯看到柯西一副弱不禁風的模樣，卻有著相當高的數學素養時相當驚訝。後來在1800年，柯西的父親被選為巴黎參議院書記，一家人終於能回到巴黎，而此時柯西的數學能力又讓拉格朗日大吃一驚。

受到認同的柯西，於1805年進入巴黎綜合理工學院就讀，以優秀成績從土木大學畢業。後來甚至得到拿破崙信任，命令他建造瑟堡港（Cherbourg）這座與英國作戰時，面向英吉利海峽的重要據點。

巴黎綜合理工學院的校徽

難搞的性格

進入巴黎綜合理工學院就讀前，就已經澈底學習過數學的柯西，在拉丁語、數學等科目展現出了優秀的能力。但或許是因為父親長期灌輸他基督教教育，當柯西碰到懷疑基督教的朋友時，總會極力勸他們信教，在宗教相關問題上相當煩人。

事實上，柯西前往瑟堡時，背包裡有四本書，分別是拉普拉斯的《天體力學論》、拉格朗日的《解析函數論》等兩本數學書，以及被認為是拉丁文學最高峰的《維吉爾詩集》、被稱做第二福音書的《師主篇》（De Imitatione Christi，作者為肯皮斯（Thomas à Kempis，1380年～1471年）。由此可以看出柯西對基督教的虔誠。

3世紀描繪維吉爾的馬賽克畫。維吉爾是生活在前70年左右到前19年的拉丁語詩人。（出處：Giorces）

肯皮斯寫於1418年左右的《師主篇》是中世紀最受推崇的基督教書籍，被基督教徒認為是「靈性修練之書」。

時間管理的天才？

柯西在瑟堡時十分繁忙，這點由他的信件可見一斑。

「我每天早上4點起床，一直忙到晚上。西班牙的戰俘會在這個月底達，讓我多了額外的工作。…（中略）…這8天共送來了1200位戰俘，要趕快建好他們的宿舍、準備床鋪才行。…（中略）…我的身體很強壯，健康方面完全沒問題。」（出自《數學大師》（Men of Mathematics），貝爾（Eric Temple Bell，1883年～1960年）著）

　　在如此繁忙的生活中，柯西還能擠出研究時間，遍覽從純數到天文學領域中，所有和數學相關的問題。其中又以「多面體」與「對稱函數」相關的這兩篇論文，最受到其他數學家的注意。

柯西在執行建設軍港的任務時，也會擠出時間投入最新數學的研究。

柯西 Cauchy

拿破崙失勢

　　自從接下瑟堡任務的3年後，24歲的柯西在1813年回到巴黎。這可能是因為柯西工作過勞而弄壞身體，也可能是拿破崙1812年遠征俄羅斯失敗，又在1813年萊比錫戰役中遭聯軍擊退，使拿破崙打消攻打英國的念頭，而不再重視瑟堡的建設。

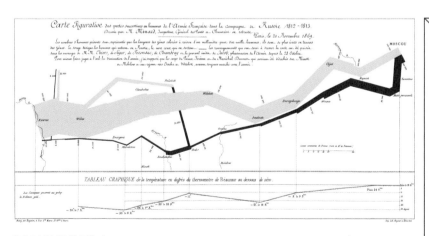

《拿破崙侵俄圖》（Map of Napoleon's Russian Campaign of 1812）

本圖可看出法軍出發時（橙色帶）是77萬人的大軍，回國時（黑色帶）只剩不到10萬人，而且當時氣溫低到零下37.5℃。隨行的數學家彭賽列（Jean-Victor Poncelet，1788年～1867年）還曾被俄羅斯俘虜，但他卻在獄中地板上研究投影幾何學呢。

後來的柯西

　　柯西的論文產量幾乎無能人比，一生共寫了800篇論文（應僅次於歐拉），而且有許多論文一篇就超過300頁，導致學會期刊的印刷費用暴增，學會只好規定「禁止提交超過4頁的論文」。

　　此外，查理十世（Charles X，1757年～1836年）因1830年的七月革命而被流放時，柯西也跟著他的腳步離開巴黎，查理十世還拜託他協助指導繼承人。這段期間內，柯西幾乎沒有接觸數學界人士。1838年，柯西終於離開了查理十世的家，回到巴黎後又寫了500篇長文論文。

生涯共寫作800篇論文，且有許多是超長論文的柯西。

品評他人的能力是「零」？

又不見了…

柯西曾經把阿貝爾、伽羅瓦的論文弄丟，讓他們的人生歸零而備受批評。

　　柯西雖然是個很厲害的數學家，但他在數學史上卻有個難以挽回的汙點：在負責審查年輕天才數學家阿貝爾、伽羅瓦的論文時把他們的論文弄丟了。實在是令人難以置信。

　　如果柯西讀了這些論文，並給予正當的評價，那麼阿貝爾（得年26歲）或伽羅瓦（得年20歲），可能就不會那麼早死了。

Abel

阿貝爾

北歐
貴公子

五次以上方程式的根式解

● 1802年8月5日～1829年4月6日

尼爾斯·亨里克·阿貝爾（Niels Henrik Abel）是挪威的數學家。當時的挪威仍在丹麥的統治下，後來又讓渡給瑞典。阿貝爾是牧師的兒子，但18歲時父親自殺，一家的生活重擔便落在阿貝爾身上。即使生活貧困，阿貝爾仍發揮出了優秀的數學才能，證明出「五次以上的方程式不存在根式解」，這可是300年來沒有人能解開的數學問題。不過幸運女神並沒有因此對阿貝爾微笑，不幸的事情仍接踵而來。2001年，人們為了讚揚阿貝爾的貢獻設立了阿貝爾獎。

在阿貝爾之前（1）

　　就像我們在卡爾達諾（參考第55頁）篇章中提到的，15至16世紀的歐洲盛行「方程式對決」。獲勝者可以獲得名譽、獎金，也有機會成為大學教授，可以說是數學家的終南捷徑。

　　二次方程式就不多說了，三次、四次方程式的根式解也陸續被發現。再來就是五次、六次方程式的根式解了。當時數學家們各個殺紅了眼，但自卡爾達諾以來的300年間，人們都沒有找到五次方程式的根式解。

在阿貝爾之前（2）根式解

研究代數學基礎原理的吉拉德（Albert Girard，1595年～1632年）認為，既然四次方程式都有根式解了，那麼「五次以上方程式也該有根式解才對，只是應該相當複雜」。

然而天才高斯（參考第120頁）卻預言「五次以上的方程式幾乎不可能有根式解」，但他並沒有提供充分的說明；義大利的數學家，同時也是醫生、哲學家的魯菲尼（Paolo Ruffini，1765年～1822年）則以不完整的方式，說明五次方程式沒有根式解。

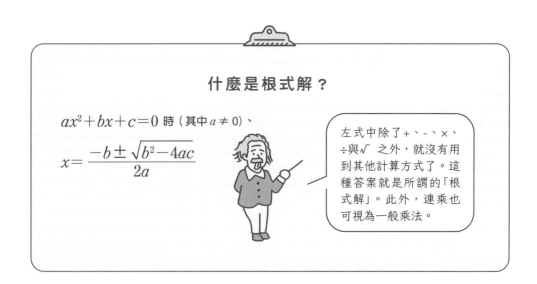

什麼是根式解？

$ax^2 + bx + c = 0$ 時（其中 $a \neq 0$）、

$$x = \frac{-b \pm \sqrt{b^2 - 4ac}}{2a}$$

左式中除了 +、−、×、÷ 與 $\sqrt{\ }$ 之外，就沒有用到其他計算方式了。這種答案就是所謂的「根式解」。此外，連乘也可視為一般乘法。

畫下休止符！

1824年，阿貝爾針對這個在卡爾達諾之後300年無人可解的問題，自費出版了論文，證明「五次以上的方程式，不存在『只用四則運算與根號表示的公式解』」。只不過由於貧窮的阿貝爾並沒有充足資金能大量印刷，只能出版少少幾本，不僅導致實際看過這些論文的數學家很少，而且論文內容也被精省、壓縮到只剩6頁，相當難以理解。

　　1826年，阿貝爾來到巴黎再度向當時數學界的最高權威機構——法國科學院提出了另一篇與橢圓函數有關的重要論文。這篇論文被後人認為「為數學界留下了500年分的工作」，是十分有歷史意義的論文，但負責審查的柯西不僅沒有審查，還把這篇論文弄丟了。

結局

　　1827年，失意的阿貝爾回到了挪威。此時，德國的數學家雅可比（Carl Jacobi，1804年～1851年）與阿貝爾取得聯絡，得知論文被弄丟的事。在雅可比與法國科學院的聯繫下，終於在阿貝爾投稿數年後找到了論文，但阿貝爾卻已經在1829年4月6日嚥下了最後一口氣。

　　後來，阿貝爾的這篇論文大獲好評，柏林大學甚至送來了教授的聘書，但這封聘書卻在阿貝爾死後兩天才送到他家。雖然為時已晚，法蘭西學院仍在1830年頒給了阿貝爾數學獎。也就在這一年又發生同樣的憾事——伽羅瓦（下一節介紹的數學家）向法國科學院提交了他的論文，但在把論文帶回家的傅立葉（參考第152頁）過世後，伽羅瓦的論文也就此消失。

　　2001年，挪威政府為紀念阿貝爾誕生200年，創立了阿貝爾數學獎（Abel Prize）。

兩件很小也很大的錯誤

　　阿貝爾最初提交濃縮成6頁的「五次以上方程式」相關論文，雖然馬上就送到了高斯手上，但高斯並沒有讀這篇論文。這是為什麼呢？據說與阿貝爾論文的標題《證明五次一般方程式不可能有解的論文》（Mémoire sur les équations algébriques où on démontre l'impossibilité de la résolution de l'équation générale du cinquième degré）有關。由於高斯自己曾發表過「所有方程式都有（複數）解」這類與代數學基本定理有關的論文，所以看到阿貝爾論文標題上「不可能」字眼，就連看都不想看了。或許阿貝爾不應該寫「不可能有解」，而應該寫「不可能有公式解」，或者寫「不可能有根式解」就不會被高斯略過了。

易怒的
年輕人

伽羅瓦

開創「群」這個新世界的男人

● 1811年10月25日～1832年5月31日

埃瓦里斯特‧伽羅瓦（Évariste Galois）是法國數學家、革命家（共和主義者）、群論創始者。阿貝爾證明了五次以上方程式不存在根式解，伽羅瓦則用更簡單的方式說明了這個概念。雖然這個過程也是群論的前驅研究，但伽羅瓦生前並沒有得到肯定。

數學狂熱者

　　伽羅瓦的父親是個善社交的校長（後來成為鎮長），還有個聰慧的母親，與姊姊、弟弟一家五口生活在一起。伽羅瓦誕生於法國大革命之後，生活在反革命軍的國王復辟派頻繁活動而造成動盪不安的時代，因而對君主制有很大的不滿。

　　伽羅瓦就讀路易大帝中學（Lycée Louis le Grand）時，雖然在第一年獲得了優秀的成績（希臘語最優秀獎、拉丁語優秀獎），但後來因為疏忽了學業而留級；幸運的是，下個年度他修到了數學課程，在兩天內就讀完了勒讓得的教科書，也相當沉迷於拉格朗日的數學。不過這個時期的伽羅瓦卻因為「萌生了過度的自尊心」（出自後世數學家皮卡（Emile Picard，1856年～1941年）評論），導致在教師間的評價並不好。

時不我予的壞運氣

　　1828年，伽羅瓦參加了名校巴黎綜合理工學院的考試，卻沒考上（第一次失敗）。1829年4月1日，伽羅瓦在伯樂老師理查（Louis Richard，1795年～1849年）的敦促下，17歲就發表了第一篇論文《與循環連分數有關的定理證明》（Démonstration d'un théorème sur les fractions continues périodiques）。一個月後，伽羅瓦發現了質數次方程式的根式解方

西元1829年伽羅瓦的論文。

法，便在1829年7月將相關論文提交給法國科學院的柯西，不料柯西卻不慎遺失了這篇論文（柯西也曾遺失過阿貝爾的論文）。隔年七月革命爆發，國王查爾斯遭流放，柯西為了跟隨國王也逃到了國外（參考第160頁），並在之後的8年內都沒有回到法國，伽羅瓦的論文也就這樣一直無人聞問。

父親自殺、考試落榜

　　在伽羅瓦提交論文的1829年7月，伽羅瓦敬愛的父親尼可拉斯（Nicolas-Gabriel Galois，1775年～1829年）自殺。有人說這是因為反對尼可拉斯的保王派（保守勢力）在報紙上發表了侮辱尼可拉斯的內容，才讓承受不住壓力的尼可拉斯自殺。

　　不久後，伽羅瓦第二次考巴黎綜合理工學院也落榜。當時一個人只能考兩次同一所學校，等同伽羅瓦進入該校接受高等數學課程與自由校風的希望就此破滅。落榜原因據說是因為面試官一直無法理解，而反覆向伽羅瓦詢問與對數有關的問題，盛怒下的伽羅瓦就將板擦扔向面試官。

父親尼可拉斯·加百列·伽羅瓦。

後來，伽羅瓦重寫了那篇被柯西遺失的論文，投稿到法國科學院論文獎（數學獎）。這次是傅立葉收到論文，但傅立葉把論文拿回家之後不久就去世了，於是這篇論文也不見蹤影。論文再度未獲回音，這年獲獎的人是（已過世的）阿貝爾以及雅可比。

投入革命運動的伽羅瓦

伽羅瓦 Galois

對一切感到失望的伽羅瓦主動從路易大帝中學退學，進入巴黎高等師範學院就讀。他用得來的獎學金支付學費，但條件是需擔任10年的教師，這份獎學金的契約書至今仍留著。

伽羅瓦的契約書。

1830年7月，巴黎開始出現騷亂，為許多市民了打倒復辟的波旁王朝而起身反抗。伽羅瓦的學校為了防止學生參加暴動而封鎖學校，伽羅瓦則因為強烈批評校方作法而受到即刻退學的處分。

1831年1月，法國科學院的統計學家卜瓦松（Siméon Poisson，1781年～1840年）很同情伽羅瓦的遭遇，要伽羅瓦再次投稿因傅立葉的死亡而遺失的論文（也有人說是伽羅瓦自己又投稿了一次）。於是重整心態的伽羅瓦重寫了論文，但可惜的是，卜瓦松沒能理解伽羅瓦論文的意義與重要性。伽羅瓦再次期待落空。

1830年，七月革命的巴黎市政廳戰役。

於決鬥中死亡

論文不被理解、還被趕出學校，迷失在街頭的伽羅瓦加入了由共和主義者組織的國民軍砲兵部門。這時他又惹了麻煩，雖然後來暫獲無罪釋放，但隨即又因為擁有帶實彈的手槍而被判決有罪（監禁六個月）。

1832年，霍亂席捲巴黎，於是伽羅瓦從監獄轉移到了復健機構，並與住在那裡的醫師女兒史蒂芬妮（Stéphanie Motel）相戀。這引來一名自稱是史蒂芬妮戀人的男人，對伽羅瓦發起了決鬥挑戰。

1832年5月29日，決鬥前一晚伽羅瓦完全沒睡，口中邊說著「沒時間了、沒時間了」，邊寫下推導的數學定理，交給了朋友薛弗勒（Auguste Chevalier，1809年～1868年）。隔天

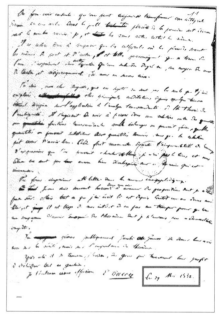

伽羅瓦在死前一天的手稿（寫有當天日期1832年5月29日）。

5月30日的早上，伽羅瓦在決鬥中遭到槍擊且無人照料，直到隔天31日才在哭泣中的弟弟阿爾弗雷德（Alfred Galois，1814年～1849年）的身旁死去，當時他只有20歲。

開啟了「群」的領域

伽羅瓦在提交給法國科學院的論文，以及決鬥前一晚振筆疾書交給薛弗勒的原稿中，運用比阿貝爾更加簡潔洗鍊的方式，透過全新的數學概念說明了五次以上的方程式沒有根式解（無法只靠四則運算與根號求解）。伽羅瓦將說明過程用到的工具稱做「群」，或是「伽羅瓦理論」。

即使論文稍有簡化，但就連卜瓦松這麼擁有名望的數學家（統計學家），都看不出伽羅瓦論文的厲害之處，或許正是因為伽羅瓦的論文具備了超越時代的新概念，才造成了其他人理解的障礙吧。

專欄 10　法國革命中誕生的4個「大學校」

　　從太陽王路易十四到法國大革命，法國對專業技術人員的需求孔急，於是設立了專門培養理工技術人員的「大學校」（Grande École）。Grande École相當於英文的Great School，意為「偉大的學校」，是培養技術官僚、政界菁英的教育場所。因為法國有著獨特的教育體系，所以在法國或歐洲其他地方的外國人，對其教育型態與影響力了解得不多。除了大學校之外，法國還有像巴黎大學等不需入學考試的一般大學（université）。

❶ 巴黎綜合理工學院（École Polytechnique，別稱 X ）

　　創建於1794年的法國大革命期間，在卡諾（Lazare Carnot，1753年～1823年）、蒙日等人的建議下設立，首任校長為數學家拉格朗日（參考第135頁），現在則隸屬於法國國防部。原本是技術官僚的培養機構，但在1804年，拿破崙以技術軍官不足為由將其改為軍官學校。伽羅瓦曾二度應考這所學校落榜。

　　法國的技術官僚、軍官幾乎都出身於巴黎綜合理工學院。校友包含3位法國總統、3位諾貝爾獎得主、1位菲爾茲獎得主。

巴黎遊行隊伍中的巴黎綜合理工學院學生。

❷ 巴黎高等師範學院（École normale supérieure，簡稱 ENS）

　　1794年10月3日，由國民公會以培養教師為目的設立。雖然在隔年1795年5月曾遭廢校，但1808年3月時又在拿破崙的指示下重新設立。現為巴黎文理研究大學（PSL研究大學）的其中一校。雖然學校的規模很小，一個學年只有300名學生，校友中卻有14位諾貝爾獎得主，數學方面則有14位菲爾茲獎得主，可說是人才輩出。

❸ 國立工藝院（Conservatoire national des arts et métiers，簡稱 CNAM）

　　創建於1794年10月的法國大革命期間，以振興科學與產業為目的而設立，是法國大革命時設立的三校之一。當初的設立目的是保存與工藝有關的「機械、設計圖、書籍」，後來則成為了深造、取得技術執照的地方。隨著時代變遷，曾改名為皇家工藝院、帝國工藝院等。與其他學校最大的不同之處在於，在目前總數約有8萬的學生中，約有7成學生為職業人士。

❹ 國家行政學院（École nationale d'administration，簡稱 ENA）

　　國家行政學院與其他大學校最大的不同在於，它是「為了其他大學或大學校的畢業生而設立的教育機構」。顧名思義，就是為了培養菁英中菁英的學校。該校學生中有許多是巴黎政治學院（Institut d'Études Politiques de Paris，同為大學校之一）的畢業生。

　　許多國家行政學院的學生，多來自經濟能力充足的家族，畢業生也經常成為菁英官僚，占據法國政界中樞職位，所以也被稱做「ENA帝國」（Enarchie）。2019年4月，為回應黃背心運動提出的「消弭貧富差距」要求，出身自ENA的總統馬克宏表明了廢校的方針。

國家行政學院。
出處：Remi.leblon

第 7 章

備受矚目的
數學天才們

數學「天才」
是一群可愛的「怪咖」

常有人說「數學家就是一群『怪咖』」。確實，像阿基米德那樣，高興到裸體跑到大街上大喊「Eureka」的數學家，在一般人眼中真的是怪到不行。數學家的奇聞軼事還有很多，例如熱衷占星的卡爾達諾，還預言了自己的死期；據說他為了讓自己的預言應驗，還刻意選擇在那天自殺。還有被經濟學家凱因斯稱做「最後的蘇美人」的牛頓，也曾因為投資失利而損失了現值約1億2000萬元新台幣的財產。俄國的裴瑞爾曼（Grigori Perelman，1966年～今）破解了千禧年的數學難題之一「龐加萊猜想」，但他拒絕接受菲爾茲獎（國際傑出數學發現獎）和龐大獎金，也沒有出席頒獎典禮，而是選擇躲在俄國的森林中⋯⋯

與眾不同的數學家

本書的最後一章，將介紹幾位與眾不同的數學家。但與其說他們「與眾不同」，不如說是一群「可愛的『怪咖』」。他們不只數學能力很強，也很有個人特色，過著與眾不同的人生。

以護理師身分前往克里米亞戰爭戰地醫院的南丁格爾（Florence Nightingale，1820年～1910年），是一位優秀的統計學家。她在戰地醫院的護理工作中了解到，比起戰死，更多士兵是因為差勁的衛生條件而死亡。擔憂這件事的她，發明了「某個獨特的東西」，說服不善解讀資料的議員們改進了戰地醫院的衛生條件。

道奇森是誰？

如果問起《愛麗絲夢遊仙境》的作者是誰，一般人會回答「路易斯・卡羅」（Lewis Carroll，1832年～1898年）。但如果接著問「那你知道道奇森（Charles Lutwidge Dodgson）是誰嗎」，100個人中大概有100個人會回答「No」吧。其實

南丁格爾

拉馬努金

圖靈

路易斯・卡羅

「路易斯・卡羅」只是道奇森的筆名，他的本業是一位在英國牛津大學擔任講師的數學家。當時的維多利亞女王（Victoria，1819年〜1901年）很喜歡《愛麗絲夢遊仙境》這部作品，曾經問他「你還寫了哪些書？我也想看看」，於是卡羅（道奇森）就送給女王一本難懂的數學書。

　　許多資訊科技界的創業家都很尊敬英國數學家圖靈（Alan Turing，1912年〜1954年）因破譯了德國的「恩尼格瑪」密碼機（Enigma，二戰期間納粹德國使用的加密與解密檔案的機器），並提出了人工智慧的判定標準「圖靈測試」而著名。他最後自殺時，到底吃下了什麼食物呢？

睡覺時女神教他定理？

　　沒有受過正規數學教育的印度數學家拉馬努金（Srinivasa Ramanujan，1887年〜1920年），並不曉得什麼是數學的證明方法，卻寫出了無數個定理。當別人問起他是怎麼做到的，拉馬努金卻說是「我睡覺時，納瑪姬莉（Namagiri）告訴我的」，最後只好由英國的數學家哈代（Godfrey Harold Hardy，1877年〜1947年）幫忙寫出拉馬努金的證明，就像是在玩兩人三腳一樣……。

　　從很久以前的泰利斯，到近代的拉馬努金，許多數學家乍看之下有些笨拙，面對數學問題時卻十分認真的求解，他們奇特的人生與個性，也打動了眾人的心。

Nightingale

南丁格爾

**堅強意志
改變了「一成
不變的社會」**

提燈天使是統計學家

● 1820 年 5 月 12 日～ 1910 年 8 月 13 日

南丁格爾是英國的護理師、統計學家、護理教育家，素有克里米亞的天使、白衣天使、提燈天使等稱號。當時的護理師被大眾認為是「照顧病人的僕人」，地位相當低落。是南丁格爾透過設立護理學校、打造了護理專業的基礎，進而提升了護理師的社會地位。另外，南丁格爾也是優秀的統計學家，她分析資料，製作獨特的圖表，向議員報告戰地醫院的情況。

生平

　　南丁格爾的雙親是英國富有的地主，他們在歐陸的蜜月旅行持續了兩年，而南丁格爾就在旅途中出生於義大利（托斯卡尼大公國）的佛羅倫斯，因此被父母命名為佛羅倫斯・南丁格爾（Florence Nightingale）。南丁格爾的爸媽很注重小孩的教育，在南丁格爾還很小的時候，雙親就要求她和姊姊一起學習法語、義大利語、希臘語等外語，並獲得了學習學術界共通語言——拉丁文的機會。此外，父母也讓她們學習數學、天文學、經濟學、美術、音樂等學術與文藝方面的知識。

沉浸在統計學和奉獻工作

南丁格爾對數學很有興趣，其中又特別喜愛「統計學之父」阿道夫·凱特勒（Adolphe Quetelet，1796年～1874年）的學問。在南丁格爾的強烈要求下，雙親把凱特勒請來當她數學、統計學的家庭老師，奠定了南丁格爾日後「統計學家」的基礎。

另外，南丁格爾在慈善活動中了解到貧窮人民的生活後，開始考慮要投身奉獻工作，並對各國醫療設施的實際營運情況表達強烈關心，這也讓她與「白衣天使」的形象交織起來。

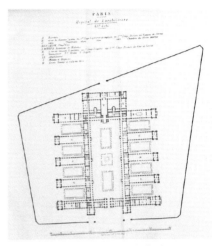

取自南丁格爾的《醫院筆記》（Notes on hospitals）。

南丁格爾 ● Nightingale

獲得父親的理解，與母親及姊姊的關係卻變糟

南丁格爾以成為護理師為目標，在倫敦的醫院內無償工作。雖然有能夠理解南丁格爾的父親私下援助她生活費，但母親與姊姊卻因為當時「護理師是照顧病人的僕人」的觀念深植人心，強烈反對她成為護理師。後來南丁格爾成為醫院院長，成功推動護理師的教育、培訓工作，讓她們也擁有專業醫療知識，這才與母親及姊姊和解。

爆發克里米亞戰爭

南丁格爾33歲時，俄羅斯與鄂圖曼帝國（土耳其）間爆發克里米亞戰爭（1853年～1856年）。

一開始英國、法國雖然雙雙支持鄂圖曼帝國，卻不想與俄國發生直接的軍事衝突。直到俄國單方面攻擊了土耳其的錫諾普港，引發了歐洲人口中的「錫諾普虐殺」（　assacre of Sinop），英國與法國此時才全面對俄國宣戰。

錫諾普海戰為克里米亞戰爭的開端。

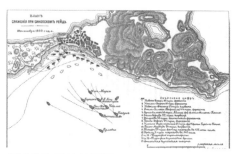
錫諾普海戰的計畫圖。

英國對德川幕府的忠告

1853年克里米亞戰爭爆發後，俄國為了向日本的德川幕府進行開國交涉而來到長崎。獲得這項資訊的英軍便在俄國軍船離開後入侵長崎，並告訴幕府英國與俄國正在交戰中，而俄國已盯上了樺太（庫頁島）、千島群島等地。可見克里米亞戰爭的餘波，甚至波及當時的幕末日本。

派遣南丁格爾！

克里米亞戰爭期間，英國政府派遣熟悉各國醫療狀況的南丁格爾來到前線。身為護理師團領導人的南丁格爾，每天晚上都在野戰醫院巡視，因此被人們喻為「提燈天使」、「白衣天使」。

醫院裡的南丁格爾。
出處：J. Butterworth，1855

在野戰醫院內，南丁格爾看到了糟糕的衛生條件。實際上，比起在戰場上中彈身亡，有更多的英軍官兵是因為在衛生條件欠佳的野戰醫院感染而死。了解到這個事實的南丁格爾，立即改善了醫院的衛生狀況，果然大幅降低了傷兵的死亡率。

統計學家

南丁格爾以「分析數字」掌握了克里米亞戰爭的狀況，表現出了她統計學家的一面，並把握住了每個機會，將改善醫院或居家衛生狀態的具體方式教導、普及給大眾。

從英國回來之後，南丁格爾提出分析克里米亞戰爭死因的報告，但不熟悉數字的國會議員與公務員，看了這些報告也沒什麼感覺。於是南丁格爾發明了後來被稱為「雞冠圖」（又稱做「玫瑰圖」）的圖表並用在報告上，以當時來説是十分先進的「圖表視覺化」的數據説明方式。後來她也出席了1860年的國際統計會議，提議各國統一統計資料的調查方式、計算方式，並獲得採納。

南丁格爾的一生中，時時刻刻都在幫助因貧窮或疾病而困擾的人們、為了説服議員而使用「統計學」工具，一步步的實現兒時目標。

南
丁
格
爾
Nightingale

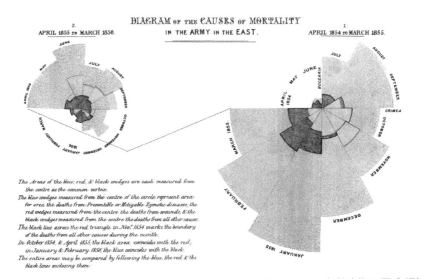

南丁格爾用雞冠圖呈現了 1855 年～ 1856 年各月分的軍隊死亡人數（依死因分類）。

Quetelet

凱特勒

由常態分布看出偽造的資料

● 1796年2月22日～1874年2月17日

朗伯‧阿道夫‧雅克‧凱特勒（Lambert Adolphe Jacques Quetelet）是比利時的統計學家、天文學家，並將統計學帶入社會學，素有「近代統計學之父」之稱。凱特勒提出了「平均人」的概念，以及「BMI指數」，至今仍是用於判斷適當體重的標準。另外，他在1850年左右還曾指導比利時政府進行人口普查。南丁格爾之所以會研讀統計學，就是受到他的影響。

凱特勒的摯友

1820年，24歲的凱特勒被推薦為國家科學院會員。3年後，凱特勒建議比利時政府建設天文臺，政府便派他到巴黎進行準備工作。凱特勒在巴黎認識了拉普拉斯（參考第148頁）、傅立葉（參考第152頁），接觸到了機率論，也在1829年訪問德國時認識了大文豪歌德（Johann Wolfgang von Goethe，1749年～1832年）。這些相遇都對凱特勒帶來了很大的影響。

拉普拉斯　　凱特勒　　歌德

20多歲時認識了拉普拉斯，30多歲認識了歌德，是凱特勒人生的轉機。

「平均人」是什麼？

凱特勒最著名的就是「平均人」的概念，也就是將「平均」套用在人群上的概念。可以理解為，「平均人」之於一個國家，就像是物理上的「重心」之於一個物體。

舉例來說，醫生為病人診斷時，會比較病人與「平均人」的狀況，而平均人就是指「假想中處於正常狀態下的人」。

凱特勒的這個想法源自歌德提出的「原型」（Archetyp）。歌德認為生命是由一個原型變態（metamorphose）而來，譬如植物的原型是葉，根則是往地下延伸的葉，果實與種子也都是由葉變態而來。凱特勒則將原型這個概念「量化」，稱人類的原型為「平均人」，他認為平均人應位於常態分布的中心位置。

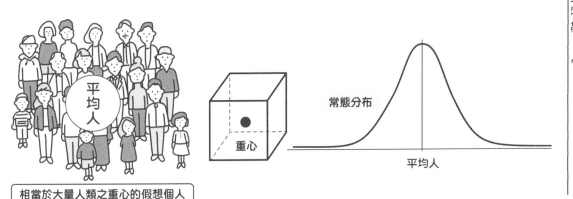

相當於大量人類之重心的假想個人

平均人

重心

常態分布

平均人

凱特勒 Quetelet

由常態分布找出「偽資料」

凱特勒由徵兵檢查資料製作法軍的身高分布圖時，卻在身高157公分處發現了異常的轉折（見次頁圖）。由於當時法國規定，身高在157公分以上者都需要接受徵兵，於是凱特勒判斷「許多人不想當兵而偽報身高」。當然，他沒辦法找出是誰偽報身高，卻可以由不符合常態分布的圖形，看出「許多人偽報資料」。

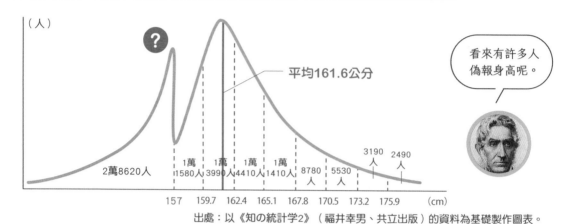

由徵兵檢查紀錄繪製的法軍身高分布圖

（人）

？

平均161.6公分

2萬8620人

1萬1580人 1萬3990人 1萬4410人 1萬1410人 8780人 5530人 3190人 2490人

157　159.7　162.4　165.1　167.8　170.5　173.2　175.9　(cm)

看來有許多人偽報身高呢。

出處：以《知の統計学2》（福井幸男、共立出版）的資料為基礎製作圖表。

提出BMI指數

　　凱特勒的貢獻也影響著現代的我們。今天健康檢查時會用BMI指數（身體質量指數）判斷新陳代謝情況，這正是凱特勒提出的概念。一般來說，BMI為22時最健康，大於25屬於體重過重，大於30則是肥胖。

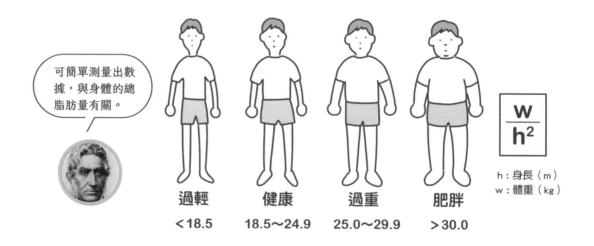

可簡單測量出數據，與身體的總脂肪量有關。

$$\frac{w}{h^2}$$

h：身長（m）
w：體重（kg）

過輕　　　　健康　　　　過重　　　　肥胖

<18.5　　18.5~24.9　　25.0~29.9　　>30.0

路易斯・卡羅

喜歡相機的帥哥

全世界的小孩都知道的超有名人物

● 1832年1月27日～1898年1月14日

查爾斯・勒特威奇・道奇森（Charles Lutwidge Dodgson）是英國的數學家、理論學家……雖然知道「道奇森」這號人物的人應該不多，不過說到《愛麗絲夢遊仙境》的作者路易斯・卡羅（Lewis Carroll），那就無人不知、無人不曉了，他其實就是數學家道奇森喔！

當時，許多人批評歐幾里得《幾何原本》的翻譯問題，身為數學家的道奇森對此則附議「不能任意改變定理的順序」。

筆名的由來

為什麼要取「路易斯・卡羅」這個筆名呢？其實若將他的本名「Charles Lutwidge」轉換成拉丁語，再轉回英語，然後前後調換，就可以得到「Lewis Carroll」（路易斯・卡羅）了。

「路易斯・卡羅」的誕生！

道奇森的本名	Charles Lutwidge **Dodgson**
取出部分名字	Charles Lutwidge
轉換成拉丁語	Carolus Ludovicus
轉換回英語，稍微更改拼字	Carroll Lewis
前後調換	**Lewis Carroll**（路易斯・卡羅）

取自《愛麗絲夢遊仙境》。

路易斯‧卡羅的生涯

　　路易斯‧卡羅的父親與他同名同姓，也叫查爾斯‧道奇森。他的父親也有數學才能，但因為結婚而成為了聖職者，並擔任了管理多個教區的英國國教會主教，讓卡羅能在富裕的家庭中成長。他從拉格比公學（Rugby School，高中）畢業後，進入牛津大學內相當著名的基督堂學院（Christ Church）就讀，並以最優秀的成績完成學業。這間基督堂學院的餐廳，就是電影《哈利波特》中拍攝許多人齊聚用餐時使用的場景。

　　卡羅除了有好幾本與歐幾里得幾何學有關的數學著作之外，還寫了《符號邏輯學》（Symbolic Logic）、《字母暗號法》（The Alphabet-Cipher）等書，並在基督堂學院擔任26年的數學講師。至於為什麼是講師而不是教授呢？可能是因為他有口吃的毛病，要是當上了教授，就會有更多在人前講話的機會，讓他感覺相當討厭吧。後來卡羅在65歲時因為感染肺炎而過世。

相當喜歡「新玩意與新問題」？

　　卡羅在1855年（或1856年）時購買了相機。當時相機是個相當大的箱子，進行曝光、成像等工作時很仰賴專業知識，操作時間也十分漫長，一天能拍攝的照片數相當有限。但即使如此，卡羅仍十分著迷於攝影。

　　卡羅有一家親自經營的照相館，一生拍了3000張照片，照相技術也獲眾人好評。學院院長的女兒「愛麗絲」就經常是他拍攝時的主角。

卡羅所攝穿著中式服裝擺出姿勢拍照的勞琳娜（Lorina Liddell，1849年～1930年）（左）與愛麗絲（Alice Liddell，1852年～1934年）（右）。勞琳娜與愛麗絲兩人都是基督堂學院院長的女兒，而卡羅與愛麗絲感情很好。野餐時，卡羅即興編了個故事說給愛麗絲聽，愛麗絲十分喜歡，於是卡羅便寫下了《愛麗絲地底冒險》（Alice's Adventures under Ground）。

卡羅手寫的《愛麗絲地底冒險》封面，這原是給愛麗絲的聖誕禮物，因大獲好評於是出版成書。33歲時以此為基礎，寫出了名著《愛麗絲夢遊仙境》。

Ramanujan

斯里尼瓦瑟・拉馬努金（Srinivasa Ramanujan）是擅長數論的天才數學家，出生於英屬印度（當時的印度由英國管轄）。拉馬努金的直覺非常優秀，但因為沒受過數學證明的教育，所以無法自行完成證明。因此，英國劍橋大學的數學家哈代常需幫忙證明拉馬努金想到的新定理。這種兩人三腳般的研究模式，持續了很長一段時間。

拉馬努金的人生

　　拉馬努金是英屬印度馬德拉斯管區（現在的清奈，Chennai）的埃羅德（Erode）婆羅門階級的孩子。儘管在種姓制度下，婆羅門是最高的階級，然而階級與經濟能力無關，拉馬努金的家境可說是相當貧困。拉馬努金高中時的所有科目成績都很糟，也沒有受過正規的數學教育，唯有計算能力與背誦能力超乎常人。

　　有一次，拉馬努金看到了《純數學概要》（Synopsis of Pure Mathematics）這本考試用的數學公式集，他的數學才能突然開竅。就這樣，拉馬努金憑著數學天賦取得了馬德拉斯大學（University of Madras）的獎學金並順利入學，但後來卻因為不擅長數學以外的科目，兩年內被當掉了許多科目。退學後，他憑著擅長計算的才能在港口的事務所找了一份會計工作。

後來拉馬努金自學數學，成為馬德拉斯著名的「數學家」。他曾寫信給英國教授，說明自己的研究成果，但全都被無視（據說他不擅長英文，所以是由朋友代筆）。1913年，他從自己發現的定理中挑選了120個，寄給了劍橋大學的哈代教授。哈代一開始也覺得「根本在胡鬧」，沒把他當回事，但後來仔細一看，發現在拉馬努金寄來定理中有他尚未發表的成果。於是哈代把拉馬努金請來英國，從此開始了拉馬努金與哈代的兩人三腳數學之旅。

哈代

兩人三腳的劍橋時代

拉馬努金雖然提出了數量龐大的定理，但從來沒有證明過任何一個。因為在他學習數學的過程中，並沒有學到如何「證明」，而是透過歸納多個計算結果，藉由他敏銳的洞察力寫出「定理」（猜想）後，再拿給哈代看。

一開始哈代也曾想說服拉馬努金自己寫出證明，但一點用都沒有。哈代認為如果一意孤行，可能會糟蹋了拉馬

劍橋大學三一學院時代的拉馬努金（中央）。

努金的天賦。最後，兩人是由拉馬努金描述定理（猜想），再由哈代或友人李特爾伍德（John Littlewood，1885年～1977年）嘗試證明，可說是前所未見的做法。

弄壞身體

但拉馬努金與哈代的合作並沒有持續太久，因為拉馬努金很快就生了重病。原因之一是英國的氣候比印度寒冷許多，加上拉馬努金是素食主義者，在當時可以吃的東西很

少。另外，在拉馬努金抵達劍橋的1914年，正值第一次世界大戰爆發，許多受戰爭之苦的英國國民反對讓印度人在大學裡學習。

拉馬努金住院一年半後，於1919年回到印度，並在1920年過世。

計程車數

拉馬努金因病住院時，哈代曾去探望他。哈代說：「我搭計程車過來，那部計程車的車牌號碼是1729，是個很無聊的數字吧？」

不過下一秒拉馬努金馬上回答：「這是很棒的數字喔。$1^3 + 12^3 = 1729$，$9^3 + 10^3 = 1729$。而且，在可以寫成兩個立方數之的和的數字中，1729是最小的一個。」後來這種數就被稱做「計程車數」，或是「哈代－拉馬努金數」。

計程車數
（哈代－拉馬努金數）

$$1^3 + 12^3 = 1729$$

$$9^3 + 10^3 = 1729$$

拉馬努金 ● Ramanujan

哈代的評分

哈代曾私下為當時的數學家評分排名。他給自己25分，給朋友李特爾伍德30分（以上應該只是謙虛？）、著名的德國數學家希爾伯特（David Hilbert，1862年～1943年）80分，而拉馬努金則是100分。

資訊科技創業家都崇拜的男人

圖靈

讓第二次世界大戰提早結束的幕後功臣

● 1912 年 6 月 23 日～ 1954 年 6 月 7 日

艾倫．圖靈（Alan Turing）是英國的數學家、計算機科學家、密碼解讀者。對現代電腦領域有許多貢獻，包括破譯恩尼格瑪密碼、提出圖靈測試、發明圖靈機等。從小學開始，老師與校長就已經注意到圖靈在數學、科學上的非凡才能；15 歲時，他就解開了學校沒教的微積分問題；16 歲時已經能理解愛因斯坦的論文內容。

$$R_{\mu\nu} - \frac{1}{2}Rg_{\mu\nu} + \Lambda g_{\mu\nu} = \kappa T_{\mu\nu} \qquad E = mc^2$$

我是圖靈。雖然學校還沒教微積分，但叔叔你寫的東西我都看得懂喔。

嘿嘿～

你這麼小的小孩怎麼可能看得懂我寫的複雜理論呢？你真的看得懂嗎？真是後生可畏啊。

加入恩尼格瑪密碼破譯團隊

第二次世界大戰中，圖靈接受了英國布萊切利園（Bletchley Park）的招聘，加入納粹德國恩尼格瑪密碼破譯團隊，目標是破解這個德軍號稱「絕對不會被破譯」的密碼機。這種密碼的排列組合共有1.59 × 10²⁰種，即使每分鐘試1種排列組合，也要300兆年才能完成。後來圖靈成功破譯，讓軍方能透過解讀電報內容掌握納粹的行動，因而促使二戰的歐洲戰場得以提早結束。順帶一提，恩尼格瑪有「謎」或「拼圖」的意思。

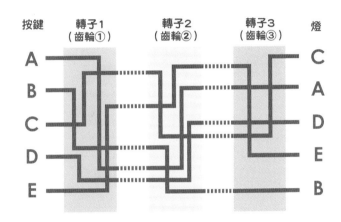

倫敦戰爭博物館裡的恩格尼瑪密碼機（左）與複雜的流程（右）。

圖靈　Turing

貢獻遭掩蓋

然而，當時的英國政府認為「德國必將再次發起世界大戰」，於是對聯合國隱瞞了恩尼格瑪密碼已被破譯的祕密，隱藏圖靈等密碼破譯團隊的存在，連為了破譯恩尼格瑪而打造的世界第一臺電腦也遭銷毀，所有相關的一切事物都遭到掩蓋。因此，很長一段時間沒有人知道「圖靈等人破譯密碼，使歐洲戰事提早結束」這個事實，世界第一臺電腦的名譽也拱手讓給了美國的ENIAC。

二戰時英國用來破解恩尼格瑪密碼機的電腦「Bombe」

圖靈測試

1950年時，圖靈提出了一種透過「判斷布簾另一邊是機器還是人類」來測試機器能力的方法，稱做「圖靈測試」。布簾的一邊是測試人員，另一邊則是人類或機器。測試人員會向布簾的另一邊提出問題，如果測試人員無法從對方的回答中，判斷布簾另一邊是人類還是機器，就可以認為「機器擁有與人類相當的能力」。

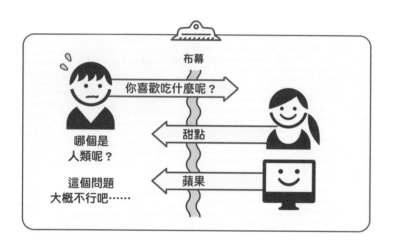

第一個想出這個方法的人是我，所以叫做「圖靈測試」喔。

圖靈機

圖靈機是17世紀發明的計算機械，以齒輪帶動運作，只能進行一種計算方式。現在的電腦則大不相同，只要改變使用的軟體，就可以進行多種不同的計算，也可以繪圖、製作影片。首先認為這些事「可能實現」的人，就是圖靈。

圖靈認為，如果能將人類計算的方法與步驟寫下來（也稱做演算法），且有某個機器能夠讀取這些方法，那麼我們就能製造出「理論上的萬能電腦」了。圖靈想像的萬能電腦是一條紙帶，上面寫有資料或程式，這可以說是「透過記憶體讀寫來運作」的現代電腦原型，所以圖靈也被稱做現代電腦之父。

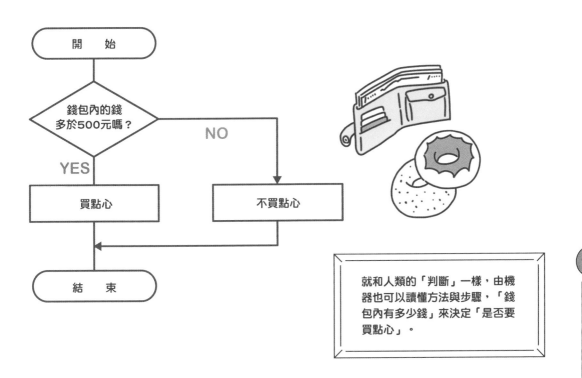

就和人類的「判斷」一樣，由機器也可以讀懂方法與步驟，「錢包內有多少錢」來決定「是否要買點心」。

圖靈 ● Turing

毒蘋果

　　圖靈在劍橋大學國王學院愛上了男性好友莫康（Christopher Morcom，1911年～1930年），但莫康沒過多久便去世了，自此之後圖靈成了一位無神論者。到了戰後的1952年，警察進入圖靈家中搜查小偷闖入的證據，卻在辦案過程中發現圖靈是同性戀者，由於這樣的性向不見容於當時的法律，圖靈也因此被判罪。

　　1954年，圖靈因氰化鉀中毒而死亡，床邊則留下了一顆被咬過的蘋果。一直以來都有人猜測這個「被咬過的蘋果」就是蘋果公司商標的來源；而圖靈故事改編電影《模仿遊戲》的正片中雖然沒有出現蘋果，被咬一口的蘋果卻有在幕後花絮中登場。

　　2009年，英國政府正式向圖靈道歉，更在2013年以伊莉莎白女王之名，正式赦免圖靈並恢復他的名譽；卡麥隆首相正式表明「圖靈因破譯了恩尼格瑪密碼機，拯救了許多國民」。包括圖靈在內，歷史上以英國女王之名赦免的人只有4位。

參考文獻

數學通史

『カッツ　数学の歴史』ヴィクター・J・カッツ、共立出版
『数学を築いた天才たち』（上・下）S・ホリングデール、講談社
『数学をつくった人びと』（1〜3）E・T・ベル、早川書房
『数学を切りひらいた人びと』（1〜4）M・J・ブラッドリー、青土社
『天才数学者列伝』A・D・アクゼル、SBクリエイティブ
『数学の真理をつかんだ25人の天才たち』I・スチュアート、ダイヤモンド社
『数学の天才列伝』竹内 均、ニュートンプレス

第1章　為什麼古希臘盛產數學家？

『アルキメデス方法』アルキメデス、東海大学古典叢書
『解読！アルキメデス写本』R・ネッツ／W・ノエル、光文社
『アルキメデスを読む』上垣 渉、日本評論社
『アルキメデスの驚異の発想法』上垣 渉、集英社インターナショナル
『アルキメデス『方法』の謎を解く』斎藤 憲、岩波書店
『古代科学』J・L・ハイベルク、鹿島研究所出版会
『ユークリッド原論』ユークリッド、共立出版

第2章　中世紀於義大利復活的代數學

『わが人生の書』カルダーノ、社会思想社
『The Rules of ALGEBRA(ARS MAGNA)』G・CARDANO、DOVERPUBLICATIONS

第3章　真的是偶然嗎？深究機率的鬼才們

『方法序説』ルネ・デカルト、岩波文庫
『パンセ 完全版』B・パスカル、古典教養文庫
『フェルマーの最終定理』サイモン・シン、新潮文庫
『確率論史』トドハンター、現代数学社
『ホイヘンスが教えてくれる確率論』岩沢宏和、技術評論社

第4章　微積分的時代

『新天文学』ケプラー、工作舎
『無限小』アミーア・アレクサンダー、岩波書店
『プリンシピア』（第1編〜第3編）ニュートン、講談社ブルーバックス
『プリンキピア講義』S・チャンドラセカール、講談社

『解析入門 Part1 アルキメデスからニュートンへ』A・J・ハーン、シュプリンガー・フェアラーク東京
『解析入門 Part2 微積分と科学』A・J・ハーン、シュプリンガー・フェアラーク東京

第5章　數學巨人高斯與歐拉

『ガウス整数論』ガウス、朝倉書店
『誤差論』ガウス、紀伊國屋書店
『ガウスの《数学日記》』ガウス（高瀬正仁訳）、日本評論社

第6章　捲入法國大革命的數學家們

『ラプラスの天体力学論』（1巻〜5巻）P=S・ラプラス、大学教育出版
『数の理論』ルジャンドル、海鳴社
『フランス革命期の公教育論』コンドルセ、岩波文庫
『評伝コーシー』ブリュノ・ベロスト、森北出版
『コーシー近代解析学への道』一松 信、現代数学社
『死刑執行人サンソン』安達正勝、集英社新書
『サンソン回想録』オノレ・ド・バルザック、国書刊行会
『パリの断頭台』バーバラ レヴィ、法政大学出版局
『物語 フランス革命』安達正勝、中公新書
『物語 数学の歴史』加藤文元、中公新書
『ブルボン朝』佐藤賢一、講談社現代新書
『フランス革命と数学者たち』田村三郎、講談社ブルーバックス

第7章　備受矚目的數學天才們

『人間に就いて』（上巻・下巻）ケトレー、岩波文庫
『ユークリッドと現代の彼のライバルたち』ルイス・キャロル、日本評論社
『ラマヌジャン』G.H.ハーディ、丸善出版
『エニグマ アラン・チューリング伝』（上・下）、勁草書房
『暗号解読』サイモン・シン、新潮文庫

以數學家為主角的電影

「アレクサンドリア」─ヒュパティアの生涯
「奇蹟がくれた数式」─ラマヌジャンとハーディの交流
「イミテーション・ゲーム」─チューリングのエニグマ解読
「ビューティフル・マインド」─ジョン・ナッシュの生涯
「博士の愛した数式」─オイラーも絡めた日本映画

索引

少年知識家

天才或怪咖？
改變世界的**數學家圖鑑**

作者｜本丸諒
繪者｜中根豐（中根ゆたか）
譯者｜陳朕疆

責任編輯｜曾柏諺
美術設計｜丘山
行銷企劃｜李佳樺

天下雜誌群創辦人｜殷允芃
董事長兼執行長｜何琦瑜
媒體暨產品事業群
總經理｜游玉雪
副總經理｜林彥傑
總編輯｜林欣靜
版權主任｜何晨瑋、黃微真

出版者｜親子天下股份有限公司
地址｜台北市 104 建國北路一段 96 號 4 樓
電話｜（02）2509-2800　傳真｜（02）2509-2462
網址｜www.parenting.com.tw
讀者服務專線｜（02）2662-0332　週一～週五：09:00-17:30
傳真｜（02）2662-6048　客服信箱｜parenting@cw.com.tw
法律顧問｜台英國際商務法律事務所‧羅明通律師
製版印刷｜中原造像股份有限公司
總經銷｜大和圖書有限公司　電話｜（02）8990-2588

出版日期｜2023 年 7 月第一版第一次印行
定價｜480 元
書號｜BKKKC247P
ISBN｜978-626-305-485-1（平裝）

訂購服務
親子天下 Shopping｜shopping.parenting.com.tw
海外‧大量訂購｜parenting@cw.com.tw
書香花園｜臺北市建國北路二段 6 巷 11 號　電話（02）2506-1635
劃撥帳號｜50331356 親子天下股份有限公司

國家圖書館出版品預行編目（CIP）資料

天才或怪咖？改變世界的數學家圖鑑／本丸諒作
；陳朕疆譯．-- 第一版．-- 臺北市：親子天下股份
有限公司，2023.07
192 面；18.5 x 24.5 公分．--（少年知識家）
譯自：数学者図鑑
ISBN 978-626-305-485-1（平裝）

1.CST: 數學 2.CST: 世界傳記 3.CST: 通俗作品

310.99　　　　　　　　　　　112006376

立即購買 >